Ute Ochsenbauer

Bach-Blüten für Pferde

KOSMOS

Wie (be-)nutzen Sie dieses Buch?

Bach-Blüten wirken unterstützend und stärkend auf den ganzen Organismus. Sie regen die Selbstheilungskraft des Körpers an, indem sie Psyche und Körper ins Gleichgewicht bringen. Sie helfen uns Menschen, unseren vierbeinigen Freund als Ganzes zu betrachten und uns in ihn hineinzuversetzen. Dabei sind sie nebenwirkungsfrei, fallen nicht unter das Doping-Gesetz und eignen sich hervorragend zur Selbstbehandlung oder zur begleitenden Behandlung, wenn zusätzlich andere Therapieformen eingesetzt werden sollen.

Rescue Remedy, die Notfallmischung

Von allen Bach-Blüten wird die Notfallmischung, die auch als Rescue- oder Notfalltropfen bekannt ist, am meisten benutzt. Ihre ausgleichende, entspannende Wirkung in vielen stressbelasteten Alltagssituationen ist unbestritten. Die Notfallmischung besteht aus sechs Bach-Blüten-Essenzen und ist vielseitig anwendbar. Zusätzlich zur tierärztlichen Behandlung kann man im Notfall auf sie zurückgreifen. Auch in Schocksituationen wirkt diese Mischung stabilisierend.

In allen anderen Situationen sind individuell zusammengestellte Blüten-Rezepturen der Notfallmischung in ihrer Wirkung jedoch überlegen. Für speziellere Problemstellungen gibt es Blüten, die überzeugender und grundlegender wirken, als die Notfallmischung. Wenn statt der angegebenen Blüten-Essenzen auch die Notfalltropfen passen, haben wir diese mit angegeben.

Diagnose und Ursachenforschung

Eine sorgfältige Diagnosestellung und Ursachenforschung sollten der Behandlung mit Bach-Blüten in jedem Fall vorausgehen! Ein Pferd, das beim Satteln beißt, weil sein Sattel nicht passt, wird nach der Einnahme der richtigen Bach-Blüte weiterbeißen. Hier muss erst der Sattel angepasst werden. Will man dem Pferd anschließend helfen, den neu angepassten Sattel positiv aufzunehmen, verkrampfte Muskeln zu lösen und seine Schmerzen zu „vergessen", ist die Stunde für individuell zusammengestellte Bach-Blüten gekommen.

Ein Pferd, das beim Satteln beißt, weil es sich daran erinnert, dass sein gut passender Sattel vor einigen Monaten drückte, bekommt durch die richtige Bach-Blüten-Mischung eine Chance, sein Schmerzgedächtnis zu verlieren und seinen Rücken zu entspannen.

Englische Namen

Gerne hätten wir Bach-Blüten-Essenzen wie Kastanienknospe, Quellwasser, Ackersenf oder Walnuss mit ihren deutschen Namen vorgestellt.
Sich unter Chestnut Bud, Rock Water, Mustard oder Walnut etwas vor-
zustellen, fällt den meisten Lesern schwer. Wenn Sie sich die Blüten-
Essenzen bestellen möchten, müssen Sie aber den englischen Namen
wissen. Daher haben wir uns an die übliche Schreibweise – die eng-
lische – gehalten und die deutsche Übersetzung nur bei der Blüten-
Beschreibung im Kapitel Bach-Blüten von A bis Z zusätzlich genannt.

Wie Sie das passende Mittel für Ihr Pferd finden

Erinnern Sie sich an alle wichtigen Details im Verhalten Ihres Pferdes.
Wann ist das Problem aufgetreten? Wie würden Sie Ihr Pferd einem
Fremden beschreiben? Ist es vorsichtig und friedlich? Bewegt es sich
schwungvoll? Welche Stimmung ist typisch für Ihr Pferd? Ist es gereizt?
Neugierig? Trübsinnig?

Bach-Blüten-Essenzen sind unkompliziert in der Anwendung. Oft
steht eine Mischung mit relativ vielen Blüten am Anfang einer Bach-
Blüten-Behandlung. Von Flasche zu Flasche werden es dann weniger
Blüten. Anders als bei homöopathischen Mitteln ist es nicht erforderlich,
am Ende der Mittelfindung nur noch eine einzige Blüte übrig zu haben.
Sie können bis zu zehn Blüten mischen! Werden unter einem Symptom
gleich drei Blüten auf einmal genannt, lesen Sie sich die Beschreibung
der einzelnen Blüten (ab S. 92) durch und entscheiden Sie, ob Sie alle
drei überwiegend typisch für Ihr Pferd finden. Nicht alles, was in der
Blüten-Beschreibung steht, muss für Ihr Pferd stimmen, der überwie-
gende Teil sollte jedoch zurzeit typisch sein. Manchmal passt nur ein
einziges Symptom eines Mittels, ist dann aber so typisch für das Pferd,
dass das Mittel ebenfalls unbesorgt gegeben werden kann.

Beispielsuche: Zwei Pferde mit Verladeproblemen

Der fünfjährige Fjordwallach Ihrer Freundin macht beim Verladen neuer-
dings Probleme. Zuvor ging er zügig auf den Anhänger, nun aber steigt
er gar nicht mehr ein, und wenn Ihre Freundin ihn höflich, aber be-
stimmt auffordert, einen Schritt zu machen, schlägt er mit den Vorder-
beinen nach ihr.

Sie möchten helfen und schlagen unter Verladetraining, Probleme
beim Verladen auf S. 85 nach. Dort finden Sie folgende Mittel und Symptome passend:

Mimulus, Star of Bethlehem, Cherry Plum mit der Beschreibung:
„Steigt vor dem Hänger, schlägt nach hinten oder vorne aus, hohe Kopfhaltung, nicht zum Einsteigen zu bewegen." Sie schlagen die Mittel

hinten im Mittelverzeichnis des Buches nach und finden alle drei Mittel überwiegend passend. Zufällig fällt Ihr Blick auch auf „**Chestnut Bud**", Rosskastanienknospe, die direkt unter **Cherry Plum** steht. „Lernblüte, Jungpferdeblüte, vor dem Einfahren oder Anreiten und währenddessen, Konzentrationsschwierigkeiten, Hyperaktivität, wenig Ausdauer, trampeliges, hampeliges oder unruhiges Verhalten am Putzplatz oder beim Reiten, nimmt alles ins Maul, Pferd wirkt jünger, als es ist, langsamer Lerner", das passt ebenfalls für den jungen Wallach. Nun kommt Ihnen die Idee, dass er vielleicht auch aus Überforderung oder Angst nicht in den Anhänger steigt. Sie schlagen beide Stichworte nach und finden bei den Symptomen, die zu dem Pferd passen, beide Male die Mischung **Mimulus, Star of Bethlehem**. So füllen Sie eine kleine Tropfflasche je zur Hälfte mit Wasser und Brandy auf und geben dann jeweils drei Tropfen **Mimulus, Star of Bethlehem, Cherry Plum** und **Chestnut Bud** dazu. Von dieser Mischung bekommt der junge Wallach drei Mal täglich je drei bis fünf Tropfen mit dem Ergebnis, dass er sich nach wenigen Tagen Verladepause wieder gelassen verladen lässt. Ihre Freundin gibt die Mischung noch zehn Tage lang weiter, vergisst dann aber immer häufiger, sie ins Futter zu mischen und hört schließlich ganz damit auf. Der Wallach geht nach wie vor brav auf den Hänger.

Ihr eigenes Pferd, eine 17-jährige Stute, hatte als junges Sportpferd bei ihrem Vorbesitzer einen Unfall mit dem Pferdehänger und steigt seitdem nur zögerlich ein. Fürs Verladen planen Sie vorsorglich mehrere Stunden ein, da die alte Dame immer wieder rückwärts aus dem Hänger schießt. Nach den wenigen Fahrten, die Sie mit ihr unternommen haben, ist sie schweißgebadet. In der Herde ist die Stute rangniedrig, beim Reiten vorsichtig und verhalten. Für Ihre Stute mischen Sie **Mimulus, Rock Rose, Star of Bethlehem,** mit den Symptomen „Angst vor dem Geräusch der Hufe auf der Rampe, vor der Enge des Hängers, vor dem Fahrgefühl, lässt sich nur mit sehr viel Geduld verladen". Außerdem bekommt sie **Scleranthus, Gentian** und die heimische Blüte **Engelwurz** mit den Symptomen „nach Unfall mit dem Pferdehänger, traumatischem Transport oder gewalttätigem Verladen" und „Geht ruhig in den Hänger, schießt aber wieder heraus, Unruhe oder Schwitzen während der Fahrt". Unter **Gentian** finden Sie in der Mittelbeschreibung ab S. 92 als Kombinationsmittel noch **Olive**. Ihre Stute wurde bei ihrem Vorbesitzer früh und intensiv im Springsport eingesetzt, so intensiv, dass sie mit sieben Jahren bereits „sauer" war. Daher glauben Sie, dass ihr auch **Olive** guttun könnte.

Während der Mitteleinnahme wird Ihre Stute runder, ihr Fell beginnt mehr zu glänzen und beim Reiten entwickelt sie mehr Schwung und Vorwärtsdrang. Im Gelände ist sie unerschrockener, in der Herde wehrt sie sich gegen Frechheiten der anderen entschiedener. Die einzige Fahrt, die Sie mit ihr unternehmen, verläuft entspannter als vorher und Sie sind viel zu früh da, weil die Stute ohne zu zögern auf den Hänger ging. Sie geben die Mischung zwei Monate lang. Nach diesen zwei Monaten hat sich Ihre Stute so positiv verändert, dass Sie eine neue Mischung mit anderen Mitteln für sie zusammenstellen.

Wie viele Bach-Blüten geben Sie?

Sie können bis zu zehn Mittel gleichzeitig geben. Die Menge der Mittel reduziert sich mit jeder neuen Mittelwahl meist von selbst, weil sich die Symptome abschwächen oder verändern. Wenn Sie sich nach gründlichem Lesen und Abwägen nicht zwischen zwei Mitteln entscheiden können, geben Sie beide. Stehen Sie nach der Mittelwahl mit fünfzehn Mitteln da, lassen Sie fünf Mittel weg.

In welcher Form verabreichen Sie Bach-Blüten?

In der Apotheke oder im Versandhandel können Sie die Vorratsfläschchen (stockbottles) der Blüten-Essenzen bestellen. Notfalltropfen werden auch als Creme, Pastillen, für Menschen sogar als Kaubonbons angeboten! Alle 38 Bach-Blüten-Essenzen gibt es zusammen als Set. Da die Vorratsflaschen jahrzehntelang halten, lohnt sich die Anschaffung des Sets, wenn Sie vorhaben, Bach-Blüten intensiv einzusetzen. Viele Pferdebesitzer nutzen die Möglichkeit, für sich selbst Blüten-Mischungen zusammenzustellen und diese zur eigenen Unterstützung einzunehmen.

Dosierung und Anwendung

Bei akuten Zuständen geben Sie drei Tropfen der jeweiligen Mittel direkt aus der Vorratsflasche in ein Glas Wasser und reichen die Mischung teelöffelweise auf Brot über den Tag verteilt oder jede Viertelstunde, bis das Glas leer ist.

Soll die Mischung über einen längeren Zeitraum gegeben werden, füllen Sie eine kleine Tropfflasche je zur Hälfte mit Wasser und Brandy und geben dann jeweils drei Tropfen der Blüten-Essenzen aus den Vorratsflaschen dazu. Von dieser Mischung bekommt Ihr Pferd drei Mal täglich je drei bis fünf Tropfen. Geben Sie die Mischung etwa drei Wochen lang oder bis Sie das Gefühl haben, dass Ihr Pferd sie nicht mehr braucht. Überprüfen Sie dann, ob es eine andere Auswahl an Blüten haben sollte.

Wo Sie die Blüten beziehen können

Wenn Sie jetzt schon wissen, dass Sie intensiver mit Bach-Blüten arbeiten möchten, empfehle ich Ihnen, gleich ein ganzes Set anzuschaffen.

Einzelblüten-Essenzen können Sie auch über Ihre Apotheke bestellen. Langfristig betrachtet ist das Set die günstigere Alternative, wenn man viel mit den Blüten arbeiten möchte. Unabhängig vom aufgedruckten Mindesthaltbarkeitsdatum sind die Essenzen in den Vorratsflaschen jahrzehntelang haltbar und wirksam.

Heimische Blüten-Essenzen

Dr. Edward Bach hat seine Blüten-Essenzen an besonderen Orten gefunden. Dort werden sie noch heute für die Original-Bach-Blüten-Essenzen gesammelt. Auch in unserer Umgebung gibt es solche besonderen Orte, an denen Pflanzen stärkere Heilkräfte entfalten als anderswo. Die aus diesen Pflanzen hergestellten heimischen Blüten-Essenzen werden von speziellen Arbeitskreisen schon jahrelang erprobt. Sie können die Pflanzen selbst sammeln und selbst heimische Essenzen herstellen oder sie im Versandhandel bestellen. An ihren deutschen Namen sind sie im Buch leicht zur erkennen, z. B. Gänseblümchen.

Unterschiedliche Herstellungsmethoden

Sonnenmethode: An einem wolkenlosen Morgen vor neun Uhr die Blüten pflücken und in eine Glasschale mit Quellwasser legen. In der Sonne drei bis vier Stunden stehen lassen. Schatten durch Wolken oder Bäume oder das direkte Berühren der Pflanzenteile mit den Händen verdirbt die Essenz. Man nimmt immer ein Blatt der Pflanze, um die Blüten zu pflücken oder aus der Glasschale zu holen, und wartet beim Bereiten der Essenz auf richtiges wolkenloses „Bach-Blüten-Wetter".

   Nach drei bis vier Stunden wird das Blüten-Wasser in eine saubere Flasche gefüllt, bis die Flasche halb voll ist. Die andere Hälfte wird mit Brandy aufgefüllt. Dies ist die Urtinktur. Von ihr werden zur Bereitung der Vorratsflasche (stockbottle) zwei Tropfen in 30 ml 27 %igen Weinbrand gegeben. Aus der Vorratsflasche werden dann wieder drei Tropfen der Essenz in die jeweilige Einnahmeflasche gegeben.

Kochmethode: Von Dr. Bach bei der Herstellung von Blüten-Essenzen aus Bäumen, Büschen und Pflanzen verwendet, die in den ersten Monaten des Jahres blühen. An einem wolkenlosen Morgen vor neun Uhr die Blüten pflücken und in einen sauberen Emailletopf geben. Mit einem Liter reinem Wasser bedecken und eine halbe Stunde ohne Deckel kochen. Nach dem Abkühlen wird der Sud durch ein Tuch gegossen, gefiltert und in eine Flasche gefüllt, bis diese halb voll ist. Die andere Hälfte wird mit Brandy aufgefüllt. Dies ist die Urtinktur, aus der zur Bereitung der Vorratsflasche wieder zwei Tropfen in 30 ml 27 %igen Weinbrand gegeben werden.

Tau- oder Tropfmethode: Wenn Sie die Pflanze erhalten möchten, können Sie auch den Tau der Blüten sammeln oder die Blüten mit Wasser beträufeln und die Tropfen wieder einsammeln. Dann wie oben beschrieben in eine Flasche füllen, bis diese halb voll ist und die andere Hälfte mit Brandy aufgießen.

Verwenden Sie gutes Quellwasser, notfalls gutes, stilles Mineralwasser und berühren Sie weder die Pflanze, noch das Wasser direkt.

Grenzen der Selbstbehandlung

Eine gute Therapie bedarf einer guten Diagnose, diese stellt in der Regel der Tierarzt. Notfälle und akute Krankheiten wie Koliken, Schlundverstopfung, Kreuzverschlag oder Schock müssen unverzüglich vom Tierarzt behandelt werden! Verlieren Sie in solchen Situationen keine Zeit und benachrichtigen Sie sofort Ihren Tierarzt. Wir haben dafür dieses Symbol gefunden: ✚

Zögern Sie jedoch nicht, tierärztliche Behandlungen durch Bach-Blüten zu ergänzen. Damit unterstützen Sie Ihr Pferd bei seiner Heilung so ganzheitlich wie möglich! Klären Sie Ihren Tierarzt darüber auf, dass Ihr vierbeiniger Freund zusätzlich zur Schulmedizin auch mit Bach-Blüten behandelt wird.

Pferdefreundliche Haltung mit der Möglichkeit zu Sozialkontakten und freier Bewegung setzen wir voraus. Probleme, die aus nicht artgerechter Haltung entstehen, können mit Bach-Blüten nicht gelöst werden. Da Pferde häufig Verhaltensprobleme entwickeln, wenn ihnen ihre Haltung, ihr Umfeld oder ihr Training nicht behagt, möchten wir Sie mit diesem Symbol daran erinnern, eine umfassende Ursachenforschung zu betreiben! Wir haben diese Fälle mit einem ❗ versehen.

Selbstbehandlung für Reiter

Auch Reiter profitieren von der Einnahme von Bach-Blüten. Wenn Ihr Pferd beispielsweise zum Scheuen neigt, helfen Ihnen bestimmte Bach-Blüten, Gelassenheit auszustrahlen. Wenn Sie sich von einer Blüten-Beschreibung angesprochen fühlen, spricht nichts dagegen, diese Blüte auszuprobieren. Manchmal ist das sogar sehr ratsam. Dafür haben wir dieses Symbol gefunden: 🧍

Alle Symbole im Überblick:
Tierarzt: ✚
Besitzer kann auch Bach-Blüten einnehmen: 🧍
Ursachenforschung betreiben, Haltung, Umfeld, Training überprüfen: ❗

Notfälle

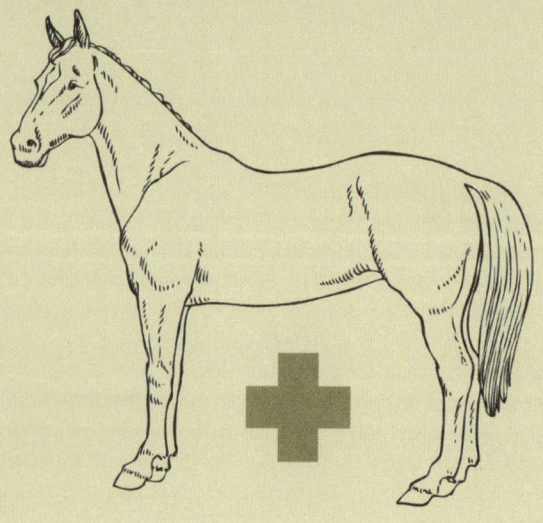

PRAXISTIPP Bitte verständigen Sie bei allen Notfällen unverzüglich den Tierarzt und geben Sie die Bach-Blüten, bis der Tierarzt eintrifft, sowie zusätzlich zu seiner Behandlung! Mit Bach-Blüten behandeln Sie das psychische oder seelische Ungleichgewicht Ihres Pferdes in einem Notfall. Auch Ihnen kann in einem Notfall die Einnahme von Bach-Blüten die nötige Gelassenheit zurückgeben.

.Akuter Kreuzverschlag

Um das Pferd zusätzlich zur tierärztlichen Behandlung zu unterstützen

Notfalltropfen oder eine Mischung aus Oak, Vervain, Crab Apple, Cherry Plum, Rock Rose viertelstündlich, bis Besserung eintritt

.Schock ✚ 🚹

Nach oder während psychischem oder physischem Schock zusätzlich zur tierärztlichen Behandlung	Notfalltropfen oder eine Mischung aus Star of Bethlehem, Olive, Rock Rose, Engelwurz viertelstündlich, bis Besserung eintritt

.Festliegen ✚ 🚹

Akut, Pferd versucht frei zu kommen, strampelt	Notfalltropfen viertelstündlich, bis Besserung eintritt
Erschöpftes Pferd, versucht nicht mehr frei zu kommen	Notfalltropfen, Olive, Sweet Chestnut viertelstündlich, bis Besserung eintritt

.Geburt ✚ 🚹
Siehe auch Fohlen, Zucht

Um die Stute während einer langen oder anstrengenden Geburt zu stärken, auch nach der Geburt zur Stärkung	Elm, Hornbeam, Oak, Olive, Rock Rose, Star of Bethlehem, Walnut, Löwenzahn

PRAXISTIPP Geben Sie, wenn Sie nichts anderes da haben, zusätzlich zur tierärztlichen Behandlung Notfalltropfen viertelstündlich vier Tropfen direkt aus der Vorratsflasche auf die Unterlippe oder auf etwas Brot. Oder lösen Sie vier Tropfen in einem Glas Wasser auf und geben daraus viertelstündlich jeweils einen Teelöffel z. B. auf Brot.

.Hitzschlag, Sonnenstich ✚ 🚹

Sofort Schatten aufsuchen, Stress vermeiden, Coolpack auf das Genick legen, schüsselweise handwarmes Wasser anbieten	Notfalltropfen, Rock Rose viertelstündlich, bis Besserung eintritt

.Kolik, akut ➕ 👤
Siehe auch Kolik

jegliche Form von Kolik, zusätzlich zur tierärztlichen Behandlung	Notfalltropfen oder eine Mischung aus Impatiens, Vervain viertelstündlich, bis Besserung eintritt

.Schmerzen ➕

Wundschmerzen	Impatiens
Entzündungen	Holly, Crab Apple
Muskelkater	Olive, Löwenzahn

.Unfall ➕ 👤

Direkt nach dem Geschehen bis der Tierarzt eintrifft	Notfalltropfen viertelstündlich 4 Tropfen direkt ins Maul oder auf etwas Brot

.Vergiftung ➕ 👤

Auch bei Verdacht auf Vergiftung bis der Tierarzt eintrifft	Notfalltropfen plus Crab Apple und Willow viertelstündlich 4 Tropfen direkt ins Maul oder auf etwas Brot

.Verletzung ➕ 👤

Direkt nach dem Geschehen	Notfalltropfen viertelstündlich, bis Besserung eintritt

Bach–Blüten für den Pferdealltag

A

.Absetzen

Siehe auch: Fohlen, Zucht

Bereits vor dem Absetzen und in den Wochen danach für Mutter und Fohlen, auch für sehr mitfühlende Besitzer	Honeysuckle, Walnut, Star of Bethlehem, Chicory, Heather, Red Chestnut, Birne, Engelwurz, Notfall-tropfen

.Abwehrschwäche

Siehe auch Anfälligkeit, Immunabwehr

.Aggressionen

Ablehnend gegenüber anderen Pferden, plötzliches Beißen, gereizt, Jagen oder Schlagen, beansprucht viel Platz in der Herde, steht oft allein, auch aggressiv gegenüber Menschen	**Beech**
Plötzliche starke Wutausbrüche, heftige überschießende Reaktionen, Unruhe, im Umgang und beim Reiten häufig „wie ein Pulverfass"	**Cherry Plum**
Aggression gegen Menschen oder Artgenossen aus Eifersucht, unberechenbare Hengste, starker Futterneid	**Holly**
Überschießende Reaktionen und Aggression bei zu wenig Bewegung, bei Offenstallpferden zum Beispiel nach Frostperioden	**Impatiens**
Dominantes, stolzes, selbstbewusstes Pferd, kämpft gegen Druck und Bevormundung, häufig tyrannisch in der Herde und in der Beziehung zum Menschen eigenwillig, möchte als Partner mitarbeiten, nicht als Befehlsempfänger	**Vine**
Braucht viel Platz um sich herum und reagiert v. a. aggressiv, wenn andere Pferde ihm zu nahe kommen	**Water Violet**
In Stresssituationen, bei anhaltender Unruhe oder ständigem Zank für die ganze Herde, beispielsweise im Trinkwasser aufgelöst	**Brennnessel**

PRAXISTIPP Pferde sind Fluchttiere. Aggressionen sind eher untypisch für sie. Wenn sie sie dennoch zeigen, haben sie meist einen triftigen Grund dafür. Zu wenig Bewegung, fehlende Sozialkontakte, Platzmangel oder anderer Stress sowie Schmerzen sind die häufigsten Gründe. Überprüfen Sie Haltung, Umfeld und Training aggressiver Pferde!

.Weitere Stichpunkte zum Thema Aggression

Angst, Anspannung, Stress:
siehe dort
Beißen beim Satteln:
siehe Sattel
Eifersucht, Futteraggression:
siehe dort
Hengstiges Verhalten:
siehe Hengst
Mobbing in der Herde:
siehe Herde

.Aktionen, Unternehmungen

Siehe auch Auktionen, Prüfungen, Veranstaltungen, Turniere

Junges oder unerfahrenes Tier, vor der Teilnahme von ersten Veranstaltungen unterstützend	Walnut, Notfalltropfen
Unsicheres, schüchternes Tier, Angst vor neuen Situationen, Veränderungen im Tagesablauf, eher still leidend und duldsam, krankheitsanfällig bei Stress	Larch, Engelwurz, Notfalltropfen
Verliert bei Unternehmungen schnell die „Contenance", gerät schnell aus dem Gleichgewicht	Scleranthus, Notfalltropfen
Bei stressempfindlichen Pferden vorbeugend vor Veranstaltungen oder anderen Vorhaben oder Veränderungen im Tagesablauf wie Anweiden, Weidewechsel	Mischung aus Notfalltropfen plus Elm, Rock Water, Star of Bethlehem und Walnut, Rotklee,
Nach Veranstaltungen, zur Entspannung	Olive, Vervain, Rock Water, Gänseblümchen, Rotklee, Notfalltropfen
Die gut bewährte Prüfungskombination nach Barnard sorgt bei Turnieren für Mut, Selbstvertrauen, Gelassenheit, Konzentration und Präsenz	Prüfungskombination nach Barnard: Gentian, Elm, Clematis, Larch, White Chestnut

.Allein bleiben, Alleinsein

.Pferd kann nicht allein bleiben

Extrem an ein anderes Pferd oder an den Besitzer gebunden, wird krank oder panisch, wenn es zurückbleiben muss	Cerato, Star of Bethlehem, Notfalltropfen
Braucht die Gesellschaft anderer Pferde, mag weder allein trainiert werden, noch zurückbleiben, mitunter auch den Pferden gegenüber distanzlos, großer Stress beim Alleinsein	Heather, Notfalltropfen
Großer Stress beim Alleinsein, sensibles, in verschiedenen Situationen ängstliches oder übervorsichtiges Pferd, Neuem gegenüber sehr zurückhaltend	Mimulus, Star of Bethlehem, Hahnenfuß, Rotklee, Notfalltropfen
Unkontrollierte Panik beim Alleinsein, Pferd ist unberechenbar, unansprechbar	Rock Rose, Star of Bethlehem, Rotklee, Notfalltropfen
Ängstlich, gestresst, unruhig und nervös, wenn es allein geritten wird oder allein bleiben muss, kann sich bis zur Panik steigern	Aspen, Star of Bethlehem, Rotklee, Notfalltropfen
Mag nicht gerne allein geritten werden oder allein bleiben, ist dann sehr nervös, lässt sich aber beruhigen	Mimulus, Star of Bethlehem, Notfalltropfen
Pferd vermisst vor allem ein bestimmtes anderes Pferd. Ohne diesen Freund ist es unglücklich oder geht sogar durch Zäune.	Red Chestnut, Star of Bethlehem, Birne, Notfalltropfen
Ängstlich, unsicher, klebt an anderen Pferden	Star of Bethlehem, Larch, Birne, Notfalltropfen
Entschiedene Abneigung gegen das Alleinsein oder Allein-vom-Hof-geritten-Werden, wenn das Pferd es nicht gewöhnt ist, z. B. beim alten Schulpferd	Rock Water, Notfalltropfen

PRAXISTIPP Pferde, die als Fohlen früh von ihren Müttern getrennt oder sehr früh abgesetzt wurden, oder traumatisierte Pferde haben oft große Schwierigkeiten, allein zu bleiben. Star of Bethlehem als Trauma-Blüte sollte ihren Blüten-Mischungen immer beigefügt werden!
Als heimische Blüten vermitteln Birne oder Rotklee betroffenen Pferden Ruhe und Geborgenheit.

.Pferd will innerhalb der Herde allein sein, Einzelgänger

Innerer Rückzug nach Kummer oder Orts- oder Besitzerwechsel oder nach dem Verlust eines nahe stehenden Menschen oder Pferdes	**Honeysuckle, Wild Rose**
Verschlossenes, stolzes Pferd, zieht sich in sich selbst zurück, auch in der Herde, braucht viel Platz um sich herum, kein „Schmuse-Pferd"	**Water Violet**

.Allergien ✚

Empfindlich, reinlich, häufiges Wasserlassen beim Reiten, feuchter, schnoddriger Husten oder Schnupfen, Hautprobleme, Allergieneigung	**Crab Apple**
Allergien mit warmen oder entzündeten Hautregionen, als Zusatztherapie	**Holly, Beech**
Bei regelmäßig wiederkehrenden Allergieschüben, z.B. im Frühjahr	**Chestnut Bud, White Chestnut**
Stärkt die Abwehrkraft und das körperliche und seelische Schutzschild sensibler, dünnhäutiger oder vielen Einflüssen ausgesetzter Pferde, setzt die Allergiebereitschaft herab	**Agrimony, Centaury, Schafgarbe**
Um vorhandenen Juckreiz zu mildern	**Impatiens, White Chestnut, Cherry Plum, Notfalltropfen**

Bei chronischen Hauterkrankungen	Water Violet, Chestnut Bud, Olive, Gorse
Unklare Symptome, kommen und gehen, wechseln die Körperregion, man kann schwer einschätzen, was Auslöser ist oder was hilft	Scleranthus
Bei starker allergischer Reaktion	Cherry Plum, Rock Rose, Notfalltropfen

.Alte Tiere

Um die Lebenskraft anzuregen, für mehr Lebensfreude	Honeysuckle
Nach belastendem Alltag, zum Beispiel als Schulpferd auf Ferienhöfen, nach intensivem Training oder nach Turniersaison	Hornbeam
Steife, schwunglose Tiere, die klaglos ihren Dienst tun, arthrotische Anfänger-, Schul- oder Sportpferde mit ungebrochenem Leistungswillen	Oak
Starrsinnige Tiere, angespannt, eiserne Gesundheit und Leistungswillen, altersbedingt steif und arthrotisch, dominant und herrisch	Vine
Starr, sowohl körperlich steif, als auch irritiert durch Veränderungen im Tagesablauf, braucht lange zum Abschnauben, langes Warmreiten nötig, arbeitseifrig und bemüht trotz körperlicher Probleme, Senior, der nicht mit seiner Pensionierung klarkommt	Rock Water
Nach jahrelanger Überlastung, Pferd wirkt müde und erschöpft, auch bei Kräfteverfall, Mühe beim Aufstehen, zur Unterstützung	Olive, Sweet Chestnut, Wild Rose

Steife, schwunglose, disziplinierte, in sich zurückgezogene Tiere, Rückenprobleme, angespannte, verhärtete Muskulatur	Magnolie
Freundliches, rundliches, schüchternes Tier, starker Senkrücken	Centaury, Hahnenfuß
Unterstützend bevor ein Tier in den Ruhestand geht und vor allen anderen tiefgreifenden Veränderungen	Walnut

.Anbinden

Anspannung und Unruhe am Anbinder, Pferd scharrt, fühlt sich unwohl	Elm, Impatiens, Notfalltropfen
Panik am Anbinder, mehrfaches Zurückwerfen in den Strick	Notfalltropfen

.Anfälligkeit
Siehe auch Immunsystem

Häufig kleine Verletzungen oder Beschwerden, auch, wenn „sein" Mensch z. B. verreist	Chicory
Krankheitsanfällig nach Anstrengung oder Veranstaltung	Elm
Ständig wechselnde Beschwerden	Scleranthus
Krankheitsanfällig nach belastender Zeit, zum Beispiel nach intensivem Training, arbeitsreichem Sommer als Schul- oder Sportpferd	Hornbeam
Stärkt die Abwehrkraft und das körperliche und seelische Schutzschild sensibler, dünnhäutiger oder vielen Einflüssen ausgesetzter Pferde	Schafgarbe

Unsicheres, schüchternes Tier, Angst vor neuen Situationen, empfindlich bei Veränderungen im Tagesablauf, krankheitsanfällig und eher still leidend und duldsam	Larch, Pine
Zur Anregung des Immunsystems im Fellwechsel, bei Ortswechseln oder Futterumstellungen, z. B. von der Weide zum Stall oder vor Belastungen	Elm, Hornbeam, Crab Apple, Walnut, Schafgarbe
Wenn Therapien nicht anschlagen	Gorse, Hornbeam, Wild Rose, Oak, Holly, Star of Bethlehem

.Angelaufene Beine !
Siehe auch Durchblutung

Neigung zu angelaufenen Beinen oder Schwellungen im Kopf- oder Bauchbereich	Chicory, Water Violet, Clematis, Schafgarbe
Großes Bewegungsbedürfnis, ungeduldiges, vitales, hitziges Tier, Neigung zu angelaufenen Beinen	Impatiens

.Angst

Schreckhaftes, übernervöses Verhalten bis zur Panik, häufiges grundloses Scheuen, Zittern, „dünnhäutige" Pferde	Aspen, Rock Rose, Star of Bethlehem, White Chestnut, Rotklee, Notfalltropfen
Angst in bestimmten Situationen wie Tierarzt, Verladen, Wasser, Musikzüge, scheu, nervös und überempfindlich	Mimulus, Star of Bethlehem, Notfalltropfen
Unsicheres, schüchternes Tier, wenig Selbstvertrauen, Angst vor neuen Situationen, Veränderungen im Tagesablauf, eher still leidend und duldsam	Larch, Hahnenfuß, Notfalltropfen

Ängstliches, schüchternes Tier, rangniedrig, schnell entmutigt, scheut und erschreckt schnell, sehr empfindsam gegenüber Angriffen anderer Pferde oder Tadel des Menschen	**Pine, Star of Bethlehem, Notfalltropfen**
Überwältigende Angst, unberechenbare Panik, kann sogar krank vor Angst werden (Kolik, Schlundverstopfung)	**Rock Rose, Notfalltropfen**
Angespanntes Pferd, das sich häufig erschreckt, nervös zusammenzuckt, unruhig zur Seite springt, eilt	**White Chestnut, Notfalltropfen** 👤
Große Angst in bestimmten Situationen, zum Beispiel Tierarztpanik nach OP, Schmiedepanik nach Feuer im Stall, Silvesterpanik nach Treibjagderfahrung etc.	**Rock Rose, Star of Bethlehem, Rotklee, Notfalltropfen**
Pferd beherrscht sich trotz Angst so lange, bis es plötzlich völlig unberechenbar „ausrastet".	**Cherry Plum, Star of Bethlehem, Notfalltropfen** 👤
Bei Stresssituationen für die gesamte Herde mit Gefahr der kollektiven Unruhe bis zur Herdenpanik, zum Beispiel vor Silvester, vor Stallumbau, etc.	**Aspen, Mimulus, Rock Rose, Cherry Plum, Rotklee** 👤

.Anhalten

Kann nicht lange still stehen, schwer zu bremsen, eilt, verspannt sich beim Durchparieren	**Impatiens**

.Anlehnung
Siehe auch Kopfhaltung, Lenken

Aktives, leistungswilliges Pferd, arbeitet am liebsten selbstbestimmt, mitunter schwer zu regulieren, ungeduldig, geht gegen die Hand	**Impatiens**

Sehr unbeständig in der Anlehnung	Scleranthus
Verkriecht sich hinter dem Zügel	Hahnenfuß

.Anregung des Immunsystems

Zur Vorbeugung bei Pferden, die nach Veranstaltungen oder Anstrengung krankheitsanfällig werden	Elm
Zur Anregung des Immunsystems im Fellwechsel, bei Ortswechseln oder Futterumstellungen, z. B. von der Weide zum Stall, oder vor Belastungen	Elm, Hornbeam, Crab Apple, Walnut, Schafgarbe

.Anspannung

Außengesteuert, leicht ablenkbar, Scheuneigung, immer auf dem Sprung, hypervigilant (überwachsam)	Star of Bethlehem
Insgesamt angespanntes, verspanntes Pferd	Star of Bethlehem, Löwenzahn
Ungeduldig, voller Tatendrang, hitzig und schnell, sehr vital, neigt zu Stürzen und Verletzungen	Impatiens
Angespannte Muskulatur, zusätzlich zur Therapie	Impatiens, Löwenzahn
Steife, schwunglose, disziplinierte, in sich zurückgezogene Tiere, Rückenprobleme, angespannte, verhärtete Muskulatur	Magnolie
Kämpferherz, Anspannung durch Überlastung	Elm

Übereifriges Leistungspferd, nimmt Lektionen voraus, gibt alles, begeisterter Kämpfer, verspannte Rücken-, Hals und Schultermuskulatur, Sehnenprobleme	**Oak, Vervain**
Starke Anspannung im Genick, Hals und Rücken, wenig Schwung und Flexibilität, eigensinnig, jedoch meist zuverlässig, wenig angenehm zu reiten	**Rock Water**
Angespanntes Pferd, reagiert unwillig auf Hilfen oder Tadel, schnappt nach anderen Pferden, verspannt im Genick- und Halsbereich, mangelnde Losgelassenheit	**Beech**
Selbstbewusstes Pferd, starrsinnig, reagiert unwillig auf Druck, wenig unterordnungsbereite Führungspersönlichkeit, eiserne Gesundheit und Leistungswillen, steif und arthrotisch, dominant und herrisch, Muskelverspannungen	**Vine**
In stark fordernden Situationen, während der Turniersaison oder Leistungsprüfungen, Pferd ist trotz Leistungsbereitschaft matt	**Oak, auch äußerlich als Zusatz zu Kühl- oder Massagegel**
Körperliche Anspannung nach Überanstrengung, auch bei Muskelkater, Genick- und Rückenschmerzen vorbeugend in Stresssituationen oder besonders aktiven Zeiten	**Olive, Löwenzahn**

PRAXISTIPP Probieren Sie es bei hoher Körperspannung, Nervosität oder zur Regeneration Ihres Pferdes zusätzlich mit Tellington TTouches!

.Antibiotika/ Ausleitung

Nach Behandlung mit Antibiotika, nach Impfung oder Wurmkur zur Ausleitung	**Crab Apple**

.Antriebslosigkeit !

Nach Fehlern oder Tadel entmutigt, ohne Vertrauen zu sich selbst und zum Reiter, auch nach Besitzerwechsel	Gentian, Notfall-tropfen
„Zieht nicht mehr richtig an", matt, schwung-los, aber trotzdem bemüht, in die Jahre gekommenes Schul- oder Sportpferd	Oak, Magnolie, Notfalltropfen
Energielos, erschöpft, appetitlos nach anstren-genden Lebensphasen, Training, Turniersaison	Olive, Notfalltropfen
Ohne erkennbaren Grund trauriges, depressives, interesseloses, müde wirkendes Pferd	Mustard, Notfall-tropfen
Nach Schock, Besitzerwechsel, Abgabe ins Tierheim, nach Operation, bei unklarer Vor-geschichte immer zusätzlich in die Mischung geben	Star of Bethlehem, Notfalltropfen
Erschöpft wirkendes, mattes Tier, nach chroni-scher Krankheit oder Vernachlässigung, auch in der Rekonvaleszenz	Gorse, Sweet Chestnut, Notfall-tropfen
Bei chronisch kranken, alten oder Tierschutz-Pferden aus vernachlässigter Haltung mit matten Bewegungen, Schwäche, Kreislaufprob-lemen zusätzlich zur tierärztlichen Behandlung	Wild Rose, Notfall-tropfen
Nach Besitzer- oder Stallwechsel oder nach Verlust eines Freundes oder anderem Kummer	Honeysuckle, Notfalltropfen

.Appetit

Hat immer Hunger, fressgierig	Agrimony, Hahnen-fuß

.Appetitlosigkeit

Wechselhafter, mitunter fehlender Appetit, unklare Ursache	Mustard

Stallwechsel, Veränderungen im Tagesablauf und in Bezugspersonen irritieren das Pferd sichtlich, Appetitlosigkeit, geringere Leistungsbereitschaft, auch vorbeugend vor anstehender Veränderung	**Walnut**
Bei chronischer Krankheit oder anderen Belastungen, Pferd macht einen erschöpften Eindruck und frisst schlecht	**Gorse**
Bescheidenes, zurückhaltendes Pferd, drängelt in der Gruppe nicht ans Futter, sondern steht eher an der Seite, resigniertes Pferd nach langer Krankheit oder schlechter Haltung	**Wild Rose**

.Aufdringliches Verhalten

Kriecht dem Menschen fast in die Jackentasche, weicht nicht von seiner Seite, distanzlos	**Heather**

.Aufhalftern
Siehe auch Einfangen auf der Weide

.Aufsitzen

Steht nicht beim Aufsitzen, trippelt, läuft sofort los	**Impatiens**

.Aufmerksamkeit
Siehe auch Unaufmerksamkeit, Konzentration

Teilweise aufdringliches, anhängliches bis distanzloses Pferd, das viel Aufmerksamkeit braucht	**Chicory**
Unaufmerksam, unkonzentriert, nicht richtig bei der Sache	**White Chestnut, Wild Oat**
Hampelig, zappelig, überdreht	**Agrimony**

.Auktionen, Prüfungen
Siehe auch Aktionen, Turniere, Veranstaltungen

Bei momentanem Stress, momentaner Überforderung, Pferd schöpft sein Leistungspotential nicht ganz aus oder ist krankheitsanfällig, auch vorbeugend	Elm 👤
Normalerweise leistungsbereites Pferd wirkt plötzlich lustlos und erschöpft, auch vorbeugend	Hornbeam
Leistungspferd, das alles gibt, Verlasspferd, übermotiviert, verspannte Rücken-, Hals und Schultermuskulatur, zur Unterstützung	Oak, Vervain
Vorbeugend zur Unterstützung bei stressanfälligen Pferden, die sich schnell verspannen, verkriechen, mit Durchfall oder geringerer Leistungsbereitschaft reagieren	Star of Bethlehem, Rotklee 👤
Pferd traut sich nichts zu, schüchtern, übervorsichtig, scheut, ist krankheitsanfällig, auch vorbeugend	Larch, Pine, Star of Bethlehem, Hahnenfuß, Engelwurz
Stallwechsel, Veränderungen im Tagesablauf und in Bezugspersonen irritieren das Pferd, Appetitlosigkeit, geringere Leistungsbereitschaft, auch vorbeugend bei Stallwechsel	Walnut, Rock Water, Star of Bethlehem 👤
Kann Übungen oder Bewegungsabläufe plötzlich nicht mehr, die es schon gelernt hatte, kann sich nur kurz konzentrieren, in Prüfungen unkonzentriert oder chaotisch, auch vorbeugend für bessere Konzentration	White Chestnut, Cerato
Ängstliches, nervöses, in der Begegnung mit Unbekanntem schnell überfordertes Pferd, Unsicherheit in neuen Situationen	Mimulus
Unbeständig in seinen Leistungen, unzuverlässig, schnell aus dem Gleichgewicht gebracht	Scleranthus

Die gut bewährte Prüfungskombination nach Barnard sorgt bei Turnieren für Mut, Selbstvertrauen, Gelassenheit, Konzentration und Präsenz	Prüfungskombination nach Barnard: Gentian, Elm, Clematis, Larch, White Chestnut
Nach großer körperlicher Anstrengung, um Muskelkater und mentaler Erschöpfung vorzubeugen und die Regeneration zu unterstützen	Olive, Sweet Chestnut, Vervain, Löwenzahn

B

.Beißen, Schnappen !

Im Umgang mit anderen Pferden oder dem Menschen	Holly, Impatiens, Wild Oat
Beißt nach anderen Pferden im Unterricht oder Gelände	Beech
Beißt nach anderen Pferden oder nach dem Menschen, herrisch, aggressiv	Vine
Angespanntes, starres Pferd, schnappt beim Putzen, kann heftig auf Berührungen bestimmter Bereiche reagieren	Rock Water, Star of Bethlehem
Zappeln, Schnappen, Beißen, Treten beim Satteln	Mimulus, Aspen, Star of Bethlehem

.Berührungsempfindlichkeit, schwierig beim Putzen !

Zurückhaltendes Tier mit guten Manieren, kein Schmuser	Water Violet
Vorsichtiges Pferd, das Fremden misstraut und sich ungern von Fremden berühren lässt	Gentian

Angespanntes, starres Pferd, Muskelverspannungen, verspannt sich beim Putzen, kann heftig auf Berührungen bestimmter Bereiche reagieren, auch zusätzlich zur Borreliose-Behandlung	Rock Water, Star of Bethlehem
Steife, schwunglose, disziplinierte, in sich zurückgezogene Tiere, Rückenprobleme, angespannte, verhärtete Muskulatur, berührungsempfindlich	Magnolie
Angespannt, genießt Berührungen oder Putzmassagen nicht, kann sich plötzlich erschrecken	White Chestnut

.Besitzerwechsel 🔵

Appetitlos nach Besitzerwechsel, Pferd wirkt durcheinander, verändert, leistungsschwach oder anfällig	Honeysuckle, Walnut, Star of Bethlehem, Gänseblümchen, Birne, Notfalltropfen
Alte Pferde, die noch einmal den Besitzer wechseln müssen, bemühtes, zuverlässiges Lehrpferd oder -pony, um die Umstellung zu erleichtern	Rock Water, Walnut, Star of Bethlehem, Engelwurz, Notfalltropfen
Bei Schwierigkeiten mit der neuen Situation, Pferd hat noch Kontakt zum alten Besitzer, nach häufigen Besitzerwechseln	Scleranthus, Star of Bethlehem, Notfalltropfen

.Beziehung 🔵

Pferd und Mensch mit „Sackgassengefühl", festgefahren in öder Routine, schwunglos, ohne spannende Ziele	Mustard, Rock Water, Walnut, Water Violet, Wild Oat
Pferd und Mensch finden nicht zueinander, um die Bindung zu fördern	Holly, Chicory, Heather

Nach negativem Erlebnis, Vertrauen ineinander ist erschüttert	**Star of Bethlehem, Gentian**
Abgekapseltes Pferd, nimmt wenig Kontakt zum Menschen auf	**Honeysuckle, Star of Bethlehem, Walnut, Water Violet, Engelwurz**

.Bodenarbeit

Rempelt beim Führen, sehr eilig	**Impatiens**
Schwierig in neuen Hindernissen	**Rock Water**
Unkonzentriert, unaufmerksam	**Scleranthus, White Chestnut**
Bodenarbeit in der Rekonvaleszenz nach Verletzung, Operation oder Vernachlässigung, Pferd wirkt zaghaft, interesse- und lustlos, unbeteiligt	**Sweet Chestnut, Gentian, Star of Bethlehem**

.Box, Probleme im Zusammenhang mit der Box !

Scharren in der Einstreu, Aufwühlen der Einstreu, Unruhe	**Impatiens**
Klaustrophobisch, Pferd mag die Box wegen schlechter Erfahrungen nicht betreten, z. B. Importpferd	**Star of Bethlehem, Mimulus, Rock Rose, Notfalltropfen**
Stößt sich immer wieder beim Rein- oder Rausführen	**Chestnut Bud**
Legt sich nicht hin, überwach, unruhig, angespannt	**Vervain, Notfalltropfen**
Nach Wechsel der Box nervös, angespannt, frisst schlecht	**Walnut, Honeysuckle, Birne**

Bei sogenannten Unarten im Zusammenhang mit der Box, z. B. Beißen in Gitterstäbe	Mustard
Sehr „ordentliches", sauberes Pferd, das seine Pferdeäpfel „versteckt"	Rock Water, Water Violet, Crab Apple
Sehr chaotisch in der Box, wühlt die ganze Einstreu um	Impatiens
Irritiert nach Umzug in andere Box, unruhig, aufgeregt, wühlt in der Streu	Rock Water, Walnut, Gänseblümchen
Aggressionen gegen Boxennachbarn, Futterag-gressionen	Vine, Holly, Impatiens

PRAXISTIPP Überprüfen Sie bei Problemen im Zusammenhang mit der Box, ob Ihr Pferd täglich mindestens zwölf Stunden lang selbst-bestimmte, freie Bewegung bekommt und ob es neben Pferden wohnt, die es mag!

.Buckeln

Gefasst und unauffällig, kann aber aus heiterem Himmel oder in bestimmten Situationen unberechenbar reagieren oder buckeln	Cherry Plum, Star of Bethlehem, Notfall-tropfen
Buckelt vor allem in Stresssituationen, schnell ungeduldig oder gereizt	Impatiens, Star of Bethlehem, Notfall-tropfen 🧍

C

.Charisma

Strahlemänner und -frauen mit natürlichem Glanz und stolzer Ausstrahlung, zur Unterstüt-zung	Agrimony, Oak, Vervain, Vine

.Chronische Krankheit ✚

Um die Selbstheilungskraft und das Durchhaltevermögen zu stärken	Gentian, Gorse, Honeysuckle, Willow, Rotklee, Notfalltropfen
Nach anstrengender, schwerer Krankheit erschöpft, auch zur Stärkung während chronischer Krankheit	Olive, Sweet Chestnut, Notfalltropfen
Zur Stärkung bei ausgezehrt wirkenden, kraftlosen Tieren	Olive, Star of Bethlehem, Magnolie, Notfalltropfen

.Clevere Pferde

Fordern aufmerksamen, sicheren, gelassenen Reiter, den sie gelegentlich testen oder überlisten, Leistungspferde	Vervain, Vine, Oak

D

.Deckprobleme
Siehe auch Hengste, Zucht

Albert beim Decken eher herum, traut sich nicht an die Stute heran, ungeschickt	Chestnut Bud

PRAXISTIPP: Weiter Symptome und Mittel auf S. 44: Hengste

.Dominanz
Siehe auch Aggression, Herde

Selbstbewusstes, in der Herde rücksichtslos aggressives oder tyrannisches Pferd, beim Reiten auf partnerschaftlichem Mitspracherecht beharrend	Vine

Eifersüchtiges, streitsüchtiges Pferd, auch bei Aggressionen gegenüber einem bestimmten Pferd in der Herde	Beech
Zettelt in der Herde gern Streit an, Leistungs-pferd, besonders aggressiv bei Bewegungs-mangel	Vervain
Aggressiv gegenüber anderen Pferden, weil es ein bestimmtes Pferd besonders bemuttert oder beschützt	Chicory

.Drohen

Droht anderen Pferden in der Abteilung	Impatiens
Reizbares, eigenwilliges, angespanntes Pferd, das auch mal schlecht gelaunt Ohren anlegen oder schnappen kann	Beech
Starrsinniges, steifes Pferd, angespannt, dominant und herrisch	Vine

.Durchblutung !
Siehe auch angelaufene Beine, alte Pferde

Mangelnde Durchblutung der Beine, kalte, häufig auch angelaufene Beine	Clematis, Schafgarbe
Mangelnde Durchblutung, kalte Beine, Steifheit und Muskelverspannungen beim älteren Pferd	Rock Water

.Durchfall
Siehe auch Stress

In Stresssituationen bleibt das Pferd zwar ruhig, bekommt aber Durchfall	Agrimony, Star of Bethlehem

Unsicheres, schüchternes Tier, Angst vor neuen Situationen, Veränderungen im Tagesablauf, Neigung zu Stressdurchfall	Larch, Star of Bethlehem, Hahnenfuß
Schnell nervöses Tier, das in vielen Situationen ängstlich und mit Durchfall reagiert, empfindlich gegen Lärm, Gerüche	Mimulus, Star of Bethlehem
Reagiert empfindlich bei Futterumstellung, z.B. Weidegras	Impatiens
Häufige Durchfälle wechseln mit normalem Kot ab	Scleranthus
Erschöpfung, Schwäche nach längerem Durchfall	Olive

.Durchgehen !

Gefasst und unauffällig, kann aber aus heiterem Himmel oder in bestimmten Situationen unberechenbar reagieren oder durchgehen	Cherry Plum, Star of Bethlehem, Notfalltropfen
Besonders gehfreudiges, teilweise schwer regulierbares Pferd	Impatiens, Notfalltropfen
Generell leicht erregbar und zu Panik neigend, starke Scheuneigung, geht aus Panik durch	Rock Rose, Star of Bethlehem, Rotklee, Notfalltropfen
Gehfreudiges Leistungspferd, liebt die Herausforderung, unruhig, angespannt, willensstark	Vervain, Notfalltropfen
Erschreckt sich häufig, zuckt zusammen, springt zur Seite, eilig	White Chestnut, Rotklee, Notfalltropfen
Unregulierbarer Durchgänger aus Gewohnheit, ehemaliges Rennpferd oder im Gelände häufig zum Rennen animiert	Rock Water, Notfalltropfen

| Durchgehen, um nach Hause zu gelangen | Red Chestnut, Chestnut Bud, Notfalltropfen |

E

.Eigensinn

| Lässt sich nicht in seine Weg- oder Geschwindigkeitsplanung reinreden, „überhört" Hilfen | Rock Water, Oak, Impatiens, Heather, Vine |

.Eifersucht

Massive Eifersucht, auch mit Aggressionen	Holly
Besonders anhängliches, mitunter aufdringliches Pferd, das andere Pferde wegschubst oder beißt	Heather
Eifersucht nach Veränderung, zum Beispiel Neuzugang in der Herde, Nachwuchs, Stallwechsel	Honeysuckle, Walnut

.Einfangen auf der Weide

Schwierig einzufangen, lässt sich lieber aufhalftern, wenn der Mensch zunächst auf Abstand stehen bleibt und dem Pferd Zeit lässt	Water Violet
Schwierig einzufangen, möchte nicht von der Herde weg	Cerato
Schwierig einzufangen, möchte nicht von einem anderen Pferd weg, mit dem es eng befreundet ist	Red Chestnut
Schwierig einzufangen nach anstrengender Trainingsphase	Elm, Hahnenfuß

Will nicht, dass andere Pferde weggeführt werden, Herdenchef, kann sehr massiv drohen	Vine
Eifersüchtig und aggressiv, wenn andere Pferde weggeführt werden	Holly

PRAXISTIPP Klären Sie ab, ob Ihr Pferd Schmerzen haben könnte oder durch einseitiges Training überlastet oder gelangweilt ist, wenn es sich nicht einfangen lässt!

.Einzelgänger
Siehe auch Allein bleiben

.Entgiftung ✚

Nach längerer Krankheit, bei Stoffwechselstörungen, lang andauerndem Fellwechsel, wiederkehrenden Haut- oder Hufproblemen, Abwehrschwäche, bei Pferden aus schlechter Haltung, zusätzlich zur Frühjahrskräuterkur, nach Wurmkur	Crab Apple, Rock Water, Chicory, Hornbeam, Gorse

.Erschöpfung

Erschöpfung, glanzloses Fell, Antriebslosigkeit	Gorse, Sweet Chestnut, Notfalltropfen
Nach belastendem Alltag, zum Beispiel als Schulpferd auf Ferienhöfen, nach intensivem Training oder nach Turniersaison	Hornbeam, Notfalltropfen
Nach großer körperlicher Anstrengung, um Muskelkater und mentaler Erschöpfung vorzubeugen und die Regeneration zu unterstützen	Olive, Sweet Chestnut, Vervain, Löwenzahn, Notfalltropfen

Nach jahrelanger Überlastung, Pferd wirkt müde und erschöpft	Olive, Sweet Chestnut, Oak, Star of Bethlehem, Notfalltropfen

.Explosivität 🧍

Pulverfass, neigt bei Druck zu unkontrollierbaren Überreaktionen, niedrige Reizschwelle	Cherry Plum, Notfalltropfen
Pferd neigt zu Scheuen, Durchgehen und Panikattacken, auch während akuter Panik	Rock Rose, Star of Bethlehem, Rotklee, Notfalltropfen
Nach längerer Bewegungseinschränkung durch Krankheit, für blutgeprägte Pferde zur Verbesserung der Selbstkontrolle	Impatiens, Notfalltropfen

F

.Faulheit
Siehe Gehfreudigkeit, Schwung

.Fehler

Nimmt Fehler übel, nachtragend	Beech
Gleicht Reiterfehler aus, Leistungspferd, kommt mitunter seinem Reiter zuvor und trifft eigene Entscheidungen	Oak
Möchte keine Fehler machen, sehr bemüht	Rock Water
Macht immer wieder die gleichen Fehler	White Chestnut, Chestnut Bud

.Fellwechsel

Fellwechsel zieht sich lange hin	Rock Water

Zögerlicher Fellwechsel, Pferd wirkt insgesamt erschöpft	Sweet Chestnut
Zur Anregung des Immunsystems im Fellwechsel oder wenn sich der Fellwechsel lang hinzieht	Elm, Hornbeam, Crab Apple, Walnut, Schafgarbe

.Fohlen
Siehe auch Absetzen, Geburt, Zucht, Jungpferde, Aktionen

Anfangsschwierigkeiten im Alltag, beim Aufstehen, beim Trinken, nach anstrengender Geburt, bei nervöser Mutterstute, für Stute und Fohlen	Sweet Chestnut, Red Chestnut, Olive, Notfalltropfen
Als Jungpferde-Blüten zur Stärkung und Unterstützung, bei allen Problemen oder vor Veränderungen	Chestnut Bud, Cerato, Gänseblümchen, Notfalltropfen
Trauer, Verlust im Umkreis des Fohlens, Krankheit oder Tod der Stute, des Zwillings, des befreundeten Fohlens	Star of Bethlehem, Birne, Engelwurz, Notfalltropfen 🧍

.Fohlen absetzen

Bereits vor dem Absetzen für Mutter und Fohlen	Honeysuckle, Walnut, Star of Bethlehem, Chicory, Red Chestnut, Birne, Engelwurz 🧍

.Fohlen, scheu

Zurückhaltend dem Menschen gegenüber, mag sich nicht berühren lassen	Water Violet

.Fohlen, schüchtern

Unsicheres, schüchternes Tier, Angst vor neuen Situationen oder Veränderungen im Tagesablauf, krankheitsanfällig, klebt stark an anderen Fohlen	Larch, Mimulus, Pine, Hahnenfuß

PRAXISTIPP Saugfohlen nehmen die Blüten über die Muttermilch auf. Geben Sie dafür einige Tropfen auf die Hand und reiben Sie das Euter damit ein oder verabreichen Sie die Mischung über das Futter der Stute.

.Führen, Probleme beim Führen

Losstürmen, Pferd überholt die Führperson	Impatiens, Vervain
Rempeln, schubsen, Pferd achtet nicht auf die Führperson	Impatiens, Vervain
Häufiges Erschrecken, Wegspringen, Scheuen, Nervosität	White Chestnut, Aspen, Mimulus, Rotklee 👤
Nur gelassen auf bekannten Wegen und wenn nichts Neues passiert	Rock Water 👤
Schnappt beim Führen, rempelt, will den Weg bestimmen, angespannt, herrisch, eigensinnig	Vine

.Fressen

Hektisch und nervös beim Fressen	Impatiens
Mäkeliges Fressen, häufig appetitlos	Red Chestnut ✚
Immer hungrig, ständig am Futter interessiert	Agrimony, Pine, Hahnenfuß, Birne
Sortiert alles Unbekannte sofort aus, sehr wählerischer Fresser	Crab Apple, Rock Water

.Futteraggressionen, Futterneid

Klopft gegen Boxenwand, beißt in Gitterstäbe, angelegte Ohren	**Impatiens, Star of Bethlehem**
Droht oder schnappt nach anderen Pferden, jagt andere Pferde weg, auf der Weide, beim Fressen, Tyrann	**Vine**
Futteraggressionen, greift andere Pferde beim Fressen und in anderen Situationen an, generell niedrige Reizschwelle	**Holly**
Droht oder schnappt nach anderen Pferden, jagt andere Pferde weg, auf der Weide, beim Fressen, weil es im Zentrum der Aufmerksamkeit des Menschen stehen will	**Heather**
Braucht viel Platz um sich beim Fressen, droht oder schnappt sonst	**Water Violet**
Kann anderen Pferden gegenüber beim Füttern oder Fressen richtig ausrasten, geht auf andere los, wirkt außer sich	**Cherry Plum**

G

.Geborgenheit

Bedürfnis nach Geborgenheit, Schutz und Sicherheit, nach Umzug, Veränderung, auf Reisen	**Heather, Birne, Schafgarbe**

.Geburt ✚
.Geburtsvor- und nachbereitung
Siehe auch Fohlen, Zucht

Um die Stute in der Trächtigkeit zu unterstützen	**Elm, Walnut, Willow, Schafgarbe**

Nach starkem Stress während der Trächtigkeit, um die Gefahr des Abortes zu verringern	Rock Rose, Star of Bethlehem, Elm, Vervain, Walnut, Birne, Notfalltropfen
Bei leichten Koliken, besonderen Futtervorlieben oder -abneigungen während der Trächtigkeit	Scleranthus ✚
Um die Stute während einer langen oder anstrengenden Geburt zu stärken, auch nach der Geburt zur Stärkung	Elm, Hornbeam, Oak, Olive, Rock Rose, Star of Bethlehem, Walnut, Löwenzahn, Birne, Notfalltropfen ✚

.Gehfreudigkeit !

Besonders gehfreudiges, eiliges, leistungsbereites Pferd, teilweise schwer zu regulieren oder zu bremsen	Impatiens, Vervain
Nach belastendem Alltag, zum Beispiel als Schulpferd auf Ferienhöfen, nach intensivem Training oder nach Turniersaison, wenig gehfreudig	Hornbeam, Star of Bethlehem
Leistungswilliges, etwas müdes und wenig gehfreudiges Schul- oder Sportpferd, zuverlässig, pflichtbewusst, häufig als Anfängerpferd eingesetzt, mitunter eigensinnig	Oak, Rock Water
Nach jahrelanger Überlastung wenig gehfreudig, Pferd wirkt schwunglos, müde und erschöpft	Olive, Sweet Chestnut

PRAXISTIPP Neben Blutwerten und allgemeiner Gesundheit auch die Passform des Sattels und Menge und Zusammensetzung des Futters überprüfen!

.Gehorsam

Sehr gehorsam und beflissen, möchte alles richtig machen, reagiert mitunter auf die Gedanken des Reiters, wenig Selbstvertrauen, schnell entmutigt, verkriecht sich gerne hinter dem Zügel oder hinter anderen Pferden, fehlender „Glanz"	Pine, Larch, Mimulus, Centaury, Hahnenfuß
Übergehorsames Pferd, überbrav, übertolerant in der Herde	Centaury
Ein-Mann-Pferd, sehr auf den Besitzer bezogen, kann „seine Gedanken lesen", von anderen Personen nicht reitbar	Red Chestnut
Mangelnde Fähigkeit zum Miteinander in der Herde und mit dem Menschen, unbedingter Wille, sich durchzusetzen, auch massiv durch Drohen, Beißen, Schlagen	Vine

.Geländesicher

Unsicher im Gelände, fürchtet sich schnell, verhaltenes, stockendes Gehen, häufiges Scheuen, klebt an anderen Pferden	Larch, Mimulus, Rotklee 🧍
Mit anderem Pferd zusammen unproblematisch, jedoch unberechenbar, wenn es allein geritten wird	Aspen, Red Chestnut, Notfalltropfen 🧍
Pferd neigt zu Scheuen, Durchgehen und Panikattacken, auch während akuter Panik	Rock Rose, Star of Bethlehem, Cherry Plum, Aspen, Rotklee, Notfalltropfen 🧍
Angespannt, unkonzentriert, erschreckt leicht, springt zur Seite weg, eilig	White Chestnut 🧍
Unaufmerksam, angespannt, sehr gehfreudig, schwer zu regulieren, will vorne gehen	Vervain, Impatiens

Unaufmerksam und unbeständig in Ausdauer und Zuverlässigkeit, heute so, morgen so	Scleranthus

.Genickbeule

Neigung zu Schwellungen im Genick	Water Violet, Clematis

H

.Hängerfahrten
Siehe auch Verladen

Schwierig während der Hängerfahrt, hat Mühe, sich auszubalancieren, geht problemlos auf den Hänger, mag aber das Fahren nicht, schwitzt, zittert	Scleranthus, Mimulus, Aspen, Clematis

.Hautprobleme
Siehe auch Allergie, Juckreiz

Juckender Nesselausschlag, Mauke, Hautallergie im akuten Stadium, Sommerekzem, betroffene Region fühlt sich warm an	Holly, Cherry Plum, Crab Apple, Agrimony, Wild Oat
Stumpfes, glanzloses, dünnes Fell, Pferd wirkt niedergeschlagen	Gorse, Sweet Chestnut
Juckreiz, häufiges Wälzen und Scheuern	Crab Apple, Impatiens
Wechselhafte und wandernde Hautsymptome, Hautpilz, betroffene Hautregionen wechseln	Scleranthus
Chronische Hauterkrankung	Olive, Willow

.Headshaking

Eigentlich gefasst und unauffällig, jedoch starker Headshaker	Cherry Plum, Star of Bethlehem

Allergische Komponente	Beech
Unruhiges, leistungsbereites, etwas eigensinniges, unaufmerksames Pferd	Vervain
Unruhiges, schnell gereiztes, stressanfälliges Pferd	Impatiens, Star of Bethlehem, White Chestnut, Notfalltropfen
Liebes, aber schnell panisches Pferd	Aspen, Rock Rose, Rotklee, Notfalltropfen
Wechselhafte Symptome und Verlauf, unklare Auslöser, unklare Diagnose	Scleranthus

.Heimweh

Schwierigkeiten, sich auf die neue Umgebung einzustellen, Infektanfälligkeit, auch vorbeugend bei Orts- oder Besitzerwechsel zur Unterstützung	Walnut, Notfalltropfen
Vor oder auf Reisen, nach Stall- oder Besitzerwechsel, wenn das Pferd Mühe hat, sich auf neue Umstände einzustellen, bei Appetitlosigkeit, Unruhe, Nervosität, kann auch vorbeugend gegeben werden, auch bei Stressanfälligkeit oder Appetitlosigkeit auf Turnieren, Seminaren, Urlauben	Honeysuckle, Elm, Notfalltropfen
Schwierigkeiten, sich auf die neue Umgebung einzustellen, Anfälligkeit, auch vorbeugend bei Orts- oder Besitzerwechsel zur Unterstützung	Walnut, Birne, Notfalltropfen
Um souverän mit Veränderungen der Umgebung, Bezugspersonen oder –pferden umgehen zu können	Walnut, Gorse, Rock Water, Birne, Notfalltropfen

Pferd kann sich in neuer Umgebung nur schwer konzentrieren, um inneres Gleichgewicht und das Immunsystem zu stärken	Clematis, Notfalltropfen
Um Problemen während des Transportes vorzubeugen	Scleranthus als Reise-Blüte, Notfalltropfen
Appetitlosigkeit und Nervosität in fremder Umgebung, Heimweh wegen der engen Bindung an ein anderes Pferd oder einen Menschen	Red Chestnut, Notfalltropfen
Heimweh des älteren Pferdes	Rock Water, Gorse, Notfalltropfen
Trauriges, zurückgezogenes Pferd, mangelnder Appetit, Bewegungsunlust, Leistungsschwäche in neuer Umgebung	Mustard, Notfalltropfen
Pferd leidet extrem nach Veränderung der Lebensumstände, appetitlos, hoffnungslos, resigniert	Gorse, Notfalltropfen

.Hengste

Albert beim Decken eher herum, traut sich nicht an die Stute heran, ungeschickt	Chestnut Bud
Deckt unzuverlässig, mangelnde Fruchtbarkeit, erschöpft nach zehrendem Deckeinsatz	Hornbeam
Eifrig, unkonzentriert, übermotiviert, „viel Lärm um nichts", verschreckt erst die Stute, deckt am Ende nicht	Vervain
Lieber, braver, unhengstiger Hengst, wenig Kampfgeist	Hahnenfuß

Wechselhaftes Verhalten, unzuverlässig beim Decken und im Umgang	Scleranthus

.Hengstiges Verhalten !

Aggressiver Hengst oder hengstiger Wallach, reizbar und angriffslustig gegenüber Menschen oder Pferden, auch gegenüber Stuten	Holly
Aggressiver, schwieriger, ausgesprochen hengstiger Hengst, schnappt, droht, steigt, schlägt	Vine

.Herde !
Siehe auch Allein bleiben, Mobbing

Nach Wechsel in neue Herde	Walnut
Ganz unten in der Rangordnung, wehrt sich nicht, orientiert sich stark an den anderen	Larch, Mimulus, Centaury
Wirkt trübsinnig und verloren in der Herde, Prügelknabe der anderen	Sweet Chestnut, Larch
Wird häufig grundlos angegriffen, versucht, sich unsichtbar zu machen, wehrt sich nicht	Pine, Hahnenfuß
Hat keinen besten Freund in der Herde, steht häufig für sich	Water Violet
Will immer die Aufmerksamkeit des Menschen, drängt andere ab, braucht die Gesellschaft der anderen Pferde, sorgt für Stress in der Herde, kann nicht allein zurückbleiben oder allein trainiert werden, unsozial, aggressiv, eifersüchtig, will immer im Mittelpunkt stehen	Heather
Wird schnell ungeduldig oder gereizt anderen Pferden gegenüber, droht, beißt oder schlägt, wirkt übellaunig	Impatiens

Übermotivierter Herdenführer, bringt viel Unruhe in die Herde, dominiert andere	Vervain
Dominantes, aggressives, schwieriges, zänkisches, herrisches Pferd, zänkisch, immer auf Krawall gebürstet	Vine
Greift häufig andere Pferde an, niedrige Reizschwelle, eifersüchtig	Holly
Vor Stresssituationen der Herde, um Panik zu vermeiden, z.B. an Silvester, vor Stallumbauten etc.	Walnut, Star of Bethlehem, Rock Rose, Elm, Rotklee, Engelwurz, Notfalltropfen
Ständige soziale Unruhe in der Herde, unharmonisches, instabiles Gefüge, Verletzungen, kaputte Zäune, Gerangel	Brennnessel, Notfalltropfen

PRAXISTIPP Von den letzten beiden Mischungen für die gesamte Herde geben Sie jeweils drei Tropfen täglich ins gemeinsame Trinkwasser der Pferde.

.Hilfen

Zuverlässiges, mitunter etwas eigensinniges Verlasspferd, Leistungspferd, gleicht Reiterfehler aus, bestimmt aber auch gerne mal selbst	Oak
Gehfreudiges, mitunter etwas eigensinniges Leistungspferd, das gerne mindestens mitbestimmen will, wo es lang geht	Vervain
Unruhiges, hitzköpfiges, temperamentvolles Pferd, lässt sich nicht lenken, hört nicht zu	Impatiens

| Schwieriges, stolzes, wenig unterordnungsbereites Pferd, Tendenz zu aggressivem Verhalten, verspannt, wachsam, typischer Herdenchef, der selbst bestimmen möchte | Vine |

.Hinlegen

Liegt viel, häufiger als andere Pferde	Hornbeam ✚
Erschöpftes, auch älteres Pferd, auch nach oder während längerer Krankheit, Pferd döst und liegt viel	Olive ✚
Liegt selten, springt sofort auf, wenn ein Mensch den Stall betritt	Scleranthus, Gentian, Star of Bethlehem
Liegt selten, seltener als andere Pferde, generell unruhig	Scleranthus, Impatiens, Vervain, White Chestnut

.Hoffnung

| Um nach Besitzerwechsel, während schwerer akuter oder chronischer Krankheit, bei Einschränkungen oder Problemen Hoffnung zu schöpfen und neue Möglichkeiten zu sehen | Gorse |

.Hufrehe ✚

.Akute

| Starke Schmerzen, Hitze, zusätzlich zur Therapie | Impatiens, Elm |

.Chronische

| Bei chronischer Hufrehe mit immer wiederkehrenden Schüben | Chestnut Bud, Olive, Gorse, Oak, Water Violet |

.Husten, chronisch ✚

Schwächender Husten, Pferd wirkt erschöpft, zusätzlich zur Therapie	Gorse, Olive
Husten mit viel Schleim	Crab Apple
Starke, länger andauernde Hustenanfälle mit trockenem, bellendem Husten, Pferd ist geschwächt	Rock Rose, Olive, Star of Bethlehem

.Hyperaktivität

Leicht abgelenktes Pferd, dessen Energie schnell verpufft, braucht viel Bewegung in der Freizeit und Abwechslung in der Arbeit, um gut mitmachen zu können	Vervain
Unfähig, sich länger auf eine Aufgabe zu konzentrieren	Impatiens, Scleranthus, White Chestnut
Pferd wird schnell nervös und unkonzentriert, wenn es sich unter Druck fühlt, ist angespannt, hibbelig, gereizt oder unkontrollierbar	Cherry Plum, Star of Bethlehem
Unruhiges, ungeduldiges Pferd mit sprunghaftem, überschießendem Verhalten	Impatiens, Star of Bethlehem
Jungpferd, leicht ablenkbar, nimmt alles ins Maul oder hampelt herum, unsicher, kurze Konzentrationsspanne	Chestnut Bud, Cerato, Gänseblümchen

PRAXISTIPP Überprüfen Sie, ob Ihr Pferd genügend freie Bewegung hat, auch im Winter. Artgerechte Haltung mit ganztägiger freier Bewegung und Kontakt zu anderen Pferden ist die beste Prophylaxe gegen Hyperaktivität.

.Hypochonder

Braucht viel Aufmerksamkeit bei Krankheit oder anderen Problemen, leidet sehr, kann geradezu hysterisch wirken	Chicory, Heather

I

.Immunsystem ✚
Siehe auch Anfälligkeit, Anregung des Immunsystems

Krankheitsanfällig nach Anstrengung oder Veranstaltung	Elm
Krankheitsanfällig nach belastender Zeit, zum Beispiel nach intensivem Training, arbeitsreichem Sommer als Schul- oder Sportpferd	Hornbeam
Stärkt die Abwehrkraft und den körperlichen und seelischen Schutzschild sensibler, dünnhäutiger oder vielen Einflüssen ausgesetzter Pferde	Schafgarbe
Krankheitsanfälliges, schüchternes, schnell nervöses Tier, häufig Mobbingopfer	Larch, Mimulus, Pine
Um das Immunsystem vor Belastungen, Futter- oder Ortswechsel anzuregen	Elm, Hornbeam, Crab Apple, Walnut, Schafgarbe

.Impulsivität

Gefasst und unauffällig, kann aber aus heiterem Himmel oder in bestimmten Situationen impulsiv reagieren oder explodieren	Cherry Plum, Notfalltropfen
Unberechenbarkeit, viele Ängste, Panikreaktionen, Unruhe, in akuten Fällen wie eskalierender Panik, wenn man seinem Pferd mehr stoisches „Ponygemüt" wünscht	Rock Rose, Notfalltropfen

.Insekten

Starke psychische Reaktion auf Insekten (z.B. Bremsen, Dasselfliegen), Durchgehen, Kopfschlagen, Kopflosigkeit	Mimulus, Rock Rose, Cherry Plum, Notfalltropfen

.In sich gekehrt

Abgekapseltes Pferd, nimmt wenig Kontakt zu Artgenossen oder zum Menschen auf	Honeysuckle, Star of Bethlehem, Walnut, Water Violet, Engelwurz
Versucht, sich unsichtbar zu machen, wehrt sich nicht, wenn es angegriffen wird, auch bei Tadel sehr schnell zu verschrecken, sehr gehorsames Tier, neigt zum Scheuen	Pine
Bemühtes, diszipliniertes Pferd, wenig kontaktfreudig, kein Schmuser	Rock Water, Water Violet
Steife, schwunglose, disziplinierte, in sich zurückgezogene Tiere, Rückenprobleme, angespannte, verhärtete Muskulatur	Magnolie

.Interesse

Lethargisches, desinteressiertes Pferd, matt, nach chronischer oder schwerer Krankheit, schwerer Geburt, schwierigen, oder tierschutzwidrigen Lebensumständen, um die Lebensgeister zu wecken	Wild Rose, Star of Bethlehem
Nach besonderer, lang andauernder Belastung, chronischer Krankheit oder Vernachlässigung, auch nach einem Abschied kraftlos, hoffnungslos	Gorse, Olive, Star of Bethlehem
Unkonzentriert, schwankend in Konzentration und Mitarbeit, verliert bei der Arbeit schnell Neugierde und Mut, behält Lektionen nicht, schwerfällig beim Lernen	Chestnut Bud, White Chestnut, Cerato, Wild Oat

Nimmt keinen Kontakt mit Artgenossen oder mit dem Menschen auf, steht häufig für sich, abgekapselt, kein Schmuser	Water Violet
Träge, schlaff, gleichgültig, teilnahmslos, verträumt, häufig innerlich abwesend oder nur immer mal wieder „nicht zu Hause"	Clematis, Star of Bethlehem, Notfall-tropfen
Nach einer Veränderung in Herde, Umgebung, nach Besitzerwechsel unmotiviert, unglücklich, teilnahmslos	Honeysuckle, Star of Bethlehem, Notfall-tropfen
Pferd und Mensch mit „Sackgassengefühl", festgefahren in öder Routine, freud- und schwunglos, ohne spannende Ziele	Mustard, Rock Water, Walnut, Water Violet, Wild Oat 🧍

J

.Juckreiz ➕
Siehe auch Hautprobleme, Allergie

Um vorhandenen Juckreiz zu mildern	Impatiens, White Chestnut, Wild Oat, Cherry Plum
Juckreiz, häufiges Wälzen und Scheuern	Crab Apple, Impatiens
Starke Reaktion auf Insekten wie Bremsen, Dasselfliegen, Durchgehen, Kopfschlagen, Kopflosigkeit	Mimulus, Rock Rose, Impatiens, Cherry Plum, Notfalltropfen

.Jungpferde

Bei allen Beschwerden oder Problemen junger Pferde, auch vorbeugend vor besonderen Terminen oder vor dem Anreiten	Walnut

Während der Anreitphase, um die Psyche des Pferdes zu stärken	Chestnut Bud, White Chestnut, Cerato, Wild Oat, Walnut, Gentian, Gänseblümchen
Typische Jungpferde-Blüte für Fohlen und Jungpferde in schwierigen Situationen, vor Veränderungen wie Wechsel der Weide oder Herde, Fellwechsel, Anweiden, bei Krankheit, in der Ausbildung zur Unterstützung oder bei Problemen wie Unkonzentriertheit	Chestnut Bud, Cerato, Gänseblümchen
Nach plötzlichem Leistungsabfall oder bei plötzlichem Rückschritt während der Anreitphase	Elm, Gentian, Hornbeam, Honeysuckle, Walnut
Unsicheres Jungpferd, schnell entmutigt, krankheitsanfällig, klebt stark an anderem Pferd	Larch, Pine, Red Chestnut, Cerato, Schafgarbe
Schwierigkeiten, sich lang zu konzentrieren, sehr hampelig und unaufmerksam	Scleranthus, Rotklee
Schreckhaft, unkonzentriert, unruhig, nervös	White Chestnut, Rotklee
Schwierigkeiten, sich unterzuordnen, starrsinnig, eigenwillig, schnappt, droht, geht gegen alles an	Vine
Schwierigkeiten beim Hufegeben, bei der Bodenarbeit, verliert schnell sein Gleichgewicht	Scleranthus
Gefühllosigkeit, scheint seinen Körper oder bestimmte Körperregionen nicht richtig zu fühlen, stößt sich häufig, schlechte Körperbalance, auch zur Unterstützung von Körpertherapien oder nach Wachstumsschüben	Star of Bethlehem, Centaury, Cerato, Clematis, Engelwurz

.Jungpferd im Zahnwechsel

Wirkt jünger als es ist, orientiert sich stark an anderem Pferd, unselbständig, Probleme im Zahnwechsel, Wachstumsprobleme	**Cerato, Walnut**

K

.Klaustrophobie

Angst vor der Enge der Box, vor dem Anhänger, Sattelzwang	**Rock Rose, Star of Bethlehem, Walnut, Engelwurz, Notfalltropfen**

.Kleben
Siehe auch Allein bleiben

Klebt an anderem Pferd, kann in Panik geraten, wenn sein Freund die Herde verlässt	**Red Chestnut, Mimulus, Cerato, Pine, Star of Bethlehem, Notfalltropfen**

.Koliken, häufige ✚
Zusätzlich zur tierärztlichen Diagnose und Therapie

Reizbares, eigenwilliges, angespanntes Pferd, das auch mal schlecht gelaunt Ohren anlegen oder schnappen kann	**Beech**
Bei akuter Kolik zusätzlich zur Therapie	**Impatiens, Rock Water, Star of Bethlehem, Löwenzahn, Notfalltropfen**
Ängstliches, schnell nervöses Pferd, das zu Überreaktionen neigt	**Aspen, Rock Rose, Star of Bethlehem, Notfalltropfen**

Häufig leichte Koliken während der Rosse	Agrimony, Chestnut Bud, Scleranthus, Rock Water, Löwenzahn, Notfalltropfen
Koliken treten nachts auf, angespanntes, mitunter sehr impulsives Pferd	Cherry Plum, Rock Rose, Star of Bethlehem, Notfalltropfen
Leichte Koliken kommen und gehen, begleitend bei Magengeschwüren	Chicory, Scleranthus, Agrimony, Notfalltropfen
Häufig milde Koliken, Pferd braucht und fordert viel Aufmerksamkeit	Heather, Scleranthus, Notfalltropfen

.Konzentration
Siehe auch Unaufmerksamkeit

| Kurze Konzentrationsspanne, leicht ablenkbar, kuckig | Chestnut Bud, White Chestnut, Wild Oat Gänseblümchen, Rotklee |

.Kopfhaltung, hohe

Neigt zu hoher Kopfhaltung, Ungeduld, schwer zu regulieren	Impatiens, Star of Bethlehem, Vervain
Verspannt im Genick, Hals und Rücken, diszipliniertes, aber steifes Pferd mit wenig Schwung	Rock Water, Star of Bethlehem
Angespannt, schnell aufgeregt, Rückenverspannungen, mangelnde Losgelassenheit, hohe Leistungsbereitschaft, gehfreudig	Löwenzahn
Steife, schwunglose, disziplinierte, in sich zurückgezogene Tiere, Rückenprobleme, angespannte, verhärtete Muskulatur	Magnolie

Schwieriges, stolzes, wenig unterordnungsbereites Pferd, Tendenz zu aggressivem Verhalten	**Vine**

.Tiefe Kopfhaltung, Aufrollen, Hinter-dem-Zügel-Gehen

Schüchternes Pferd, Jungpferd, auch beim Umtrainieren von „Rollkur" auf physiologische Haltung	**Chestnut Bud, Larch, Pine, Oak, Hahnenfuß**

PRAXISTIPP Überprüfen und verbessern Sie bei zu hoher oder tiefer Kopfhaltung oder Kopfschlagen Ihres Pferdes alle Faktoren, die zu Rückenschmerzen führen können: Hufbearbeitung, Passform des Sattels, Reitweise, Reitersitz, pferdegerechte Haltung!

.Kopfschlagen
Siehe auch Headshaking

In Stresssituationen hektisches Kopf- oder Schweifschlagen, Trampeln, Lippenflappen u. Ä.	**Impatiens, Cherry Plum, Notfalltropfen**

PRAXISTIPP Probieren Sie es bei hoher Körperspannung oder Anspannung Ihres Pferdes zusätzlich mit Tellington TTouches!

.Koppen und andere Stereotypen

Gefasst und unauffällig, kann aber aus heiterem Himmel oder in bestimmten Situationen unberechenbar reagieren oder explodieren, koppt oder webt	**Cherry Plum, Rock Rose, Star of Bethlehem**
Unproblematisches Gute-Laune-Pferd, koppt oder webt jedoch	**Agrimony**
Koppt in Stresssituationen zur Selbstberuhigung	**Impatiens, Star of Bethlehem, Notfalltropfen**

Verlasspferd, sehr leistungsbereit und zäh, mitunter angespannt, koppt oder webt	Oak
Unruhiges, nervöses Pferd, schreckhaft, häufig unaufmerksam	White Chestnut, Mimulus

.Körpergefühl

Schlechtes Körpergefühl, stößt sich häufig an Engpässen oder Stangen, Stolpern, Schlurfen	Clematis, Centaury, Cerato
Gefühllosigkeit, scheint seinen Körper oder bestimmte Körperregionen nicht richtig zu fühlen, auch zur Unterstützung von Körpertherapien oder nach Wachstumsschüben	Star of Bethlehem, Engelwurz
Angespanntes Gewohnheitstier mit starrem Muskelpanzer, wenig flexibel, schwunglos mit steifer Hinterhand, wenig Körpergefühl, pflichtbewusst	Rock Water
Wenig Körperspannung, überbeweglich im Halsbereich, Senkrücken, wenig Selbst- und Körperbewusstsein	Centaury, Hahnenfuß

.Kraftlosigkeit
Siehe auch Erschöpfung, Rekonvaleszenz, Schwäche

Wenn Sie das Gefühl haben, dass Ihr Pferd eine Reha oder Kur, Urlaub oder Tapetenwechsel braucht, nach langer Boxenruhe oder Schmerzphase kraftlos oder verspannt	Olive, Rock Water

PRAXISTIPP Eine Erholungspause auf der Weide mit lieben Pferdekollegen tut jedem Pferd gut! Dauerweidegänger dagegen brauchen manchmal mehr Abwechslung in ihrem Alltag!

.Krankheit akut ✚

Zur Stärkung der Abwehrkraft und Unterstützung der Heilung	Elm, Hornbeam, Rock Water, Gentian, Impatiens
Nach Antibiotikatherapie zur Ausleitung	Crab Apple, Hornbeam
Bei Fieber zusätzlich zur tierärztlichen Therapie	Holly, Rescue Remedy

.Krankheit chronisch ✚

Schwächende, länger bestehende Krankheit, Pferd wirkt erschöpft, hoffnungslos, zusätzlich zur Therapie	Gorse, Olive, Sweet Chestnut, Star of Bethlehem
Chronische oder schwere Krankheit oder nach OP, Pferd wirkt angestrengt, aber sehr vital und kämpferisch	Oak, Star of Bethlehem

.Krankheitsanfällig

Aktiviert das Immunsystem vor belastenden Situationen oder bei anfälligen Pferden oder Jungtieren	Clematis
Um das Immunsystem vor Belastungen oder Ortswechsel anzuregen	Elm, Hornbeam, Clematis, Crab Apple, Larch, Walnut, Schafgarbe
Gutmütig, lieb und leistungsbereit, nimmt jede Krankheit mit	Centaury
Braucht viel Aufmerksamkeit, ständig kleinere Verletzungen, Beschwerden, Probleme	Heather, Scleranthus
Unsicheres, schüchternes Tier, Angst vor neuen Situationen, Veränderungen im Tagesablauf, krankheitsanfällig, eher still leidend und duldsam	Larch, Pine

Krankheitsanfällig nach Anstrengung oder Veranstaltung	Elm
Krankheitsanfällig nach belastender Zeit, zum Beispiel nach intensivem Training, arbeitsreichem Sommer als Schul- oder Sportpferd	Hornbeam

L

.Leberstärkung
Siehe auch Entgiftung

	Crab Apple, Rock Water, Chicory, Hornbeam, Gorse

.Lernbereitschaft, Unterstützung und Probleme

Klassische Lern-Blüte, immer in Mischungen für Pferdeschüler geben	Chestnut Bud
Klassische Jungpferde- und Veränderungs-Blüte, hilft, sich auf neue Situationen einzustellen und in Zeiten von Veränderung gelassen und anpassungsfähig zu bleiben	Walnut
Neue „Lern-Blüte", hilft, Gelerntes zu sortieren und unterscheiden, stärkt Selbstvertrauen und Ausdauer	Gänseblümchen
Lernschwierigkeiten im Zahnwechsel, nach Krankheit oder anderer akut belastender Situation	Elm, Engelwurz
Bei nachlassender Lernbereitschaft, Unkonzentriertheit, Rückschritten, zeitweiser Überforderung	Hornbeam, White Chestnut

Braucht extrem kurze Arbeitseinheiten und viel Abwechslung, macht sonst nicht richtig mit, unbeständig, kurze Aufmerksamkeitsspanne	**Scleranthus**
Kann Übungen oder Bewegungsabläufe plötzlich nicht mehr, die es schon gelernt hatte, kann sich nur kurz konzentrieren, in Prüfungen un-konzentriert oder chaotisch	**White Chestnut**
Lernprobleme durch Unsicherheit, schnell nervös, ängstlich	**Larch, Mimulus, Cerato**
Pferde, die durch körperliche Probleme im Lernen beeinträchtigt sind, Stuten, die sich wegen der Rosse schlecht konzentrieren können, allgemein kurze Konzentrations-fähigkeit	**Wild Oat, Scleranthus**
Nach überfordernden Situationen unsicher, teilnahmslos, matt	**Clematis, Star of Bethlehem, Engel-wurz, Notfalltropfen**
Nach anstrengendem Training oder viel Neuem, um körperlicher oder mentaler Erschöpfung vorzubeugen und die Regeneration zu unter-stützen	**Olive, Löwenzahn, Sweet Chestnut, Vervain, Engelwurz**

PRAXISTIPP Beschäftigen Sie Ihr Jungpferd möglichst abwechslungs-reich und halten Sie die Trainingseinheiten kurz, um nachlassender Lernbereitschaft, Unkonzentriertheit oder Überforderung vorzubeugen.

.Losgelassenheit, mangelnde

Kann sich erst nach munteren Trab- oder Galopprunden lösen, Schritt genügt ihm nicht	**Impatiens**
Lange Lösungsphase des älteren, angespannten Schul- oder Sportpferdes, auch bei Arthrose	**Oak, Rock Water, Star of Bethlehem**

Braucht generell lang, um loszulassen, sehr gehfreudig, unruhig, angespannt	Vervain
Abgekapseltes, steifes Pferd, kein Schmuser, wenig zugänglich, starr und schwunglos, giftet nach anderen Pferden, wenn diese zu nah kommen	Water Violet
Angespannt, schnell aufgeregt, hohe Kopfhaltung, Rückenverspannungen, hohe Leistungsbereitschaft, gehfreudig	Löwenzahn
Steife, schwunglose, disziplinierte, in sich zurückgezogene Tiere, Rückenprobleme, angespannte, verhärtete Muskulatur	Magnolie
Schwieriges, stolzes, wenig unterordnungsbereites Pferd, Tendenz zu aggressivem Verhalten, angespannt, wachsam, typischer Herdenchef, der selbst bestimmen möchte und gerne Machtkämpfe ausficht	Vine
Angespannt, weil es immer alles richtig machen möchte	Pine

PRAXISTIPP Probieren Sie es bei hoher Körperspannung oder Anspannung Ihres Pferdes zusätzlich mit Tellington TTouches!

.Lustlosigkeit

Wenig munter, schwer zu begeistern, triebig, schwunglos	Mustard, Gorse, Sweet Chestnut
Vitalitätsarmes, müdes, interesseloses Pferd, auch nach Stall- oder Besitzerwechsel	Honeysuckle, Star of Bethlehem, Notfalltropfen

| Lustlosigkeit nach intensivem Arbeitsintervall als Schul- oder Sportpferd, nach Decksaison | Hornbeam |

PRAXISTIPP Überprüfen Sie Blutwerte, Haltung und Training Ihres Pferdes. Sorgen Sie für Abwechslung und einen pferdegerechten und fröhlichen Alltag! ❗ ➕

M

.Mattigkeit
Siehe Lustlosigkeit, Erschöpfung, Kraftlosigkeit

.Lustlosigkeit

| Wenig munter, schwer zu begeistern, triebig, schwunglos | Mustard, Gorse, Sweet Chestnut |

.Massage

| Bei Muskelverspannungen im Rückenbereich helfen | Oak, Olive, Rock Water, Löwenzahn |
| Bei Muskelverspannungen im Bauchbereich setzen Sie dem Massagewasser zu | Agrimony, Impatiens, Chicory |

PRAXISTIPP Alle Blüten-Essenzen lassen sich in handwarmem Massagewasser anwenden. Sie werden dann über die Haut aufgenommen. Für Pferde kein Massageöl benutzen!

.Maul, lässt sich nicht anfassen

| Weil es etwas Negatives erwartet (Wurmkur, Zahnarzt) | Star of Bethlehem, Rock Water, Water Violet, Willow, Gentian |

Weil es sich ungern fixieren last	Vervain, Vine, Water Violet, Impatiens

.Mobbing
Siehe auch Herde, Aggression, Dominanz

.Mobbing, Opfer

Wird häufig grundlos angegriffen, versucht, sich unsichtbar zu machen, wehrt sich nicht	Pine
Unsicheres, schüchternes Tier, Angst vor neuen Situationen, Veränderungen im Tagesablauf, eher still leidend und duldsam, wehrt sich nicht	Larch, Mimulus, Gänseblümchen, Hahnenfuß
Ständige Unruhe in der Herde, Verletzungen, kaputte Zäune, Gerangel, Mobbing	Brennnessel Verabreichung: ins Trinkwasser der gesamten Herde täglich fünf Tropfen, bis Besserung eintritt

.Mobbing, Täter
Siehe Aggression, Herde, Dominanz

.Muskelkater

Nach körperlicher Anstrengung zur Vermeidung von Muskelkater	Olive, Löwenzahn, auch äußerlich

.Muskelverspannungen
Siehe auch Anspannung, Massage

N

.Nachtragend

Verzeiht Fehler nicht so schnell, nimmt Tadel, Grobheiten oder ungerechte Behandlung sehr übel	Beech, Holly, Willow

.Nervosität

Innere Nervosität, angespannt, leicht auf- brausend, in Stresssituationen hampelig	Impatiens
Schreckhaft und angespannt, springt schnell zur Seite, zuckt zusammen, sieht „Gespenster", viele Ängste, z. B. vor Kühen	White Chestnut, Rotklee
Ängstlich, dünnhäutig, empfindsam, nervös, wird unter Druck, bei Prüfungen oder in neuer Umgebung nervös und scheut schnell	Mimulus, Rotklee
Kann vor Nervosität zittern oder schwitzen, lässt sich nur schwer beruhigen, sehr sensibel	Aspen, Star of Bethlehem, Schaf- garbe, Engelwurz, Notfalltropfen
Nervös, weil es andere Pferde oder Menschen vermisst, an die es sich besonders eng angeschlossen hat	Red Chestnut
Schüchternes, wenig selbstbewusstes Pferd, ängstlich und unsicher	Larch, Pine, Hahnenfuß

O

.Ohrspeicheldrüse

Bei Futterumstellungen von Stall auf Weide oder aus anderen Gründen Schwellung der Ohrspeicheldrüse	Water Violet, Walnut, Schafgarbe

.Operationen, Vor- und Nachsorge von OPs ✚
Siehe auch Anfälligkeit, Anregung des Immunsystems

Vor und nach der Operation, zur Anregung der Lebenskraft	Gentian, Rock Water
Vor und nach der Operation, um das seelische und körperliche Gleichgewicht zu stärken und die Heilung zu unterstützen	Notfalltropfen

Wenn die äußeren Umstände, z. B. Klinik, fremde Menschen, das Pferd irritieren oder ängstigen	Notfalltropfen oder Rock Rose
Stärkt die Abwehrkraft und den körperlichen und seelischen Schutzschild sensibler, dünnhäutiger oder vielen Einflüssen ausgesetzter Pferde	Schafgarbe
Stärkend in stressreicher, belastender Zeit, unterstützend, regt die Selbstheilungskraft an, wenn das Pferd sehr geschwächt ist	Olive, Oak, Rotklee, Engelwurz
Pferd erholt sich nicht richtig nach Unfall, Operation oder schwerer Krankheit, wirkt weiterhin matt, erschöpft	Gentian, Sweet Chestnut, Wild Rose

.Osteopathie

Um den Erfolg einer osteopathischen Behandlung zu stabilisieren	Walnut, Löwenzahn
Steife, schwunglose Tiere, Rückenprobleme, angespannte, verhärtete Muskulatur, wiederkehrende Blockaden der Wirbelsäule	Magnolie

P

.Panik
Siehe auch Angst, Geländesicherheit, Durchgehen

Pferd neigt zu Scheuen, Durchgehen und Panikattacken, auch während akuter Panik	Rock Rose, Star of Bethlehem, Cherry Plum, Rotklee, Notfalltropfen
Gerät in Panik, wenn es allein zurückbleibt, sehr eng an ein anderes Pferd angeschlossen	Cerato, Red Chestnut

.Prüfungen

Für Pferd und Besitzer, um gelassen zu bleiben und sich konzentrieren zu können	Elm, Olive, Hornbeam
Prüfungskombination nach Barnard	Gentian, Elm, Clematis, Larch, White Chestnut
Schreckhaft und angespannt, springt schnell zur Seite, zuckt zusammen, sieht „Gespenster", viele Ängste, z. B. vor Kühen	White Chestnut, Mimulus
Kein Verlasspferd für Prüfungen, wird schnell nervös, scheut, traut sich nichts zu	Larch, Mimulus, Pine, Hahnenfuß, Engelwurz
Absolutes Verlasspferd in Prüfungen, ist jedoch sehr angespannt	Oak
Leistungsbereites, gehfreudiges Pferd, Kampfgeist, eigenwillig	Vervain
Unbeständig in Prüfungen, schwer vorhersagbar, wie es sich verhält	Scleranthus
Unbeständig, weil es immer den gleichen Ablauf braucht und durch Veränderungen schnell irritiert ist	Rock Water

R

.Regen

Mag keinen Regen, deutliche Abwehrreaktion, Kopfschlagen, schräg laufen, weben	Crab Apple, Mimulus, Rotklee

.Reisemischung
Siehe auch Heimweh, Verladen

Einige Tage vor bis nach dem Verreisen zur Unterstützung des inneren Gleichgewichtes	Scleranthus, Walnut, Elm, Schafgarbe plus Notfalltropfen

.Reizbarkeit

Angespanntes, ungeduldiges Pferd, neigt zu heftigen Reaktionen und Gereiztheit	Impatiens
Abgekapseltes, steifes Pferd, wenig zugänglich, starr und schwunglos, giftet nach anderen Pferden, wenn diese zu dicht aufreiten, gereizt, wenn es nicht genug Raum um sich hat	Water Violet
Schwieriges, stolzes, wenig unterordnungsbereites Pferd, Tendenz zu aggressivem Verhalten, droht, schnappt oder schlägt, verspannt, wachsam, typischer Herdenchef mit Spaß an Machtkämpfen	Vine

.Rekonvaleszenz
Siehe auch Operation

Nach schwerer Krankheit, Operation oder Überforderung zur Unterstützung der Genesung	Oak, Hornbeam, Olive, Star of Bethlehem, Walnut, Honeysuckle, Rotklee, Notalltropfen
Pferd erholt sich nicht richtig nach Unfall, Operation oder schwerer Krankheit, wirkt weiterhin matt, erschöpft	Olive, Gorse, Sweet Chestnut, Wild Rose, Rotklee, Notfalltropfen
Wenn Sie das Gefühl haben, dass Ihr Pferd eine Reha oder Kur, Urlaub oder Tapetenwechsel braucht, nach langer Boxenruhe oder Schmerzphase kraftlos oder verspannt	Olive, Rock Water, Notfalltropfen

PRAXISTIPP Eine Erholungspause auf der Weide mit lieben Pferdekollegen tut jedem Pferd gut! Dauerweidegänger dagegen brauchen
manchmal mehr Abwechslung in ihrem Alltag!

.Rosse
Siehe auch Zucht

Wechselhafte Leistungen, mangelnde Leistungs-bereitschaft im Zusammenhang mit der Rosse	Mustard, Scleranthus, Walnut
Schwach ausgeprägte Rosse, häufig „unsicht-bare", stille Rosse	Pine, Birne
Unregelmäßige, schwache oder stille Rosse, wiederkehrende Scheideninfektionen, Frucht-barkeitsprobleme	Schafgarbe
Fruchtbarkeitsprobleme, schwache oder stille Rosse	Rock Water, Birne
Häufige Zyklusschwankungen, unterschiedlich ausgeprägte, unvorhersagbare Rosse	Scleranthus, Birne

.Rückenprobleme

Schwacher oder stark verspannter Rücken, gutmütiges, liebes Pferd, das jeden und alles trägt	Centaury
Schwacher Rücken, Senkrücken, weicher Rücken	Hahnenfuß
Schwieriges, stolzes, wenig unterordnungs-bereites Pferd, Tendenz zu aggressivem Verhalten, angespannt, wachsam, mangelnde Losgelassenheit	Vine
Abgekapseltes, steifes Pferd, kein Schmuser, wenig zugänglich, starr und schwunglos, Muskelverspannungen und Arthrose	Water Violet

Steife, schwunglose, disziplinierte, in sich zurückgezogene Tiere, Rückenprobleme, wiederkehrende Blockaden der Wirbelsäule, angespannte, verhärtete Muskulatur	Magnolie
Muskelverspannungen, auch Arthrose des älteren Schul- oder Sportpferdes, Pferd „funktioniert" trotz Schmerzen	Oak, Rock Water, Star of Bethlehem
Nach großer körperlicher Anstrengung, um Muskelkater, Rückenschmerzen und mentaler Erschöpfung vorzubeugen und die Regeneration zu unterstützen	Olive, Löwenzahn, Sweet Chestnut, Vervain
Bei Beckenschiefstand oder anderen, immer wiederkehrenden osteopathischen Problemen, z.B. mit dem ISG	Scleranthus

PRAXISTIPP Bei Rückenproblemen immer ganzheitlich behandeln und Hufe, Zähne, Sattel, Reitweise, Reiterschiefe sowie die Haltung mit mindestens halbtägiger freier Bewegung und Sozialkontakten über-prüfen bzw. optimieren.

S

.Satteln, Unruhe beim Satteln

Trampeln, Zappeln, Schnappen, Treten, Aufpumpen	Mimulus, Aspen, Star of Bethlehem

.Sattelzwang
Siehe auch Trauma

Große Angst und Panik beim Satteln und Nachgurten, Steigen mit Gefahr des Überschla-gens, mitunter auch „stille" Angststarre, Zusammensacken	Cherry Plum, Rock Rose, Star of Bethlehem, Rotklee, Notfalltropfen

.Scheuen

Scheuen in vielen unterschiedlichen Situationen	Aspen, Rotklee, Notfalltropfen
Scheuen und Angst bei bestimmtem Auslöser, zum Beispiel nach einem Schuss, beim Anblick von LKWs, Schafen etc.	Rock Rose, Mimulus, Star of Bethlehem, Notfalltropfen
Unruhig und nervös, schreckhaft und ange-spannt, springt schnell zur Seite, zuckt zusammen, sieht „Gespenster", viele Ängste, z.B. vor Kühen	White Chestnut, Rotklee, Notfall-tropfen

.Schlundverstopfung
Neigung zu Schlundverstopfung
Siehe auch Notfälle

Nach hastigem Fressen, bei Stress	Impatiens, Star of Bethlehem, Notfall-tropfen
In Stresssituation, zum Beispiel Fressen in fremder Umgebung, in neuer Box, in hektischer Stimmung	Elm, Star of Bethle-hem, Walnut, Löwenzahn, Notfalltropfen
Stressanfälliges Pferd, neigt zu Scheuen, Durchgehen, Panikattacken oder körperlichen Symptomen während akutem Stress	Rock Rose, Star of Bethlehem, Notfall-tropfen

PRAXISTIPP Bei häufigen Schlundverstopfungen können Sie das innere Gleichgewicht Ihres Pferdes mit Bach-Blüten stärken. Denken Sie aber auch daran, die Zähne Ihres Pferdes kontrollieren zu lassen!

.Schmerzen 🔁 🚹 !
Siehe auch Notfälle

Akut

Bei plötzlichen Schmerzen zusätzlich zur Therapie	Holly, Impatiens, Star of Bethlehem, Notfalltropfen
Bei Rückenschmerzen, Muskelkater	Olive, Impatiens, Löwenzahn, Notfalltropfen

Chronisch

Müdigkeit, Erschöpfung und Niedergeschlagenheit während chronischer Schmerzsituation	Gorse, Notfalltropfen
Überempfindlich bei Schmerz	Aspen, Mimulus, Heather, Chicory, Notfalltropfen

.Schmerzgedächtnis !

Ausweichbewegungen, Schonhaltung oder Lahmen, obwohl das gesundheitliche Problem nicht mehr besteht und die Schmerzphase überstanden ist	Mimulus, Wild Rose, Rotklee
Anhaltende Schmerzreaktion, für die es eigentlich keine Ursache mehr gibt, nach belastendem, negativem Erlebnis, zum Beispiel nach Unfall, Sturz, pferdeunfreundlichem Training	Star of Bethlehem, Willow, Engelwurz, Notfalltropfen 🚹

.Schmied 🚹

Misstrauisch, lässt sich ungern von Fremden berühren	Gentian, Notfalltropfen
Angst vor dem Schmied, nervös, zappelig	Mimulus, Star of Bethlehem, Notfalltropfen

Panik vor dem Schmied, geht die Boxenwände hoch, reißt sich los, kickt, wirft sich hin	Cherry Plum, Rock Rose, Star of Bethlehem, Rotklee, Notfalltropfen
Angst nach traumatischem Erlebnis mit dem Schmied	Star of Bethlehem, Notfalltropfen

.Schock ➕ 🧍
Siehe Notfälle, Trauma

.Schwäche

Nach längerer Krankheit mit Fieber oder Blutverlust, nach Operationen	Olive, Star of Bethlehem, Rotklee, Notfalltropfen
Nach Überforderung, Erschöpfung wegen aktueller Überanstrengung, momentane Kraftlosigkeit	Elm, Schafgarbe, Notfalltropfen

.Schweifschlagen

In Stresssituationen hektisches Kopf- oder Schweifschlagen, Trampeln, Lippenflappen u. Ä.	Impatiens

.Schwellungen

Angelaufene Beine oder Schwellungen im Bauchbereich	Clematis, Schafgarbe

.Schwitzen

Starkes Schwitzen während der Arbeit, bei Prüfungen, auch Nachschwitzen	Mimulus

.Schwung
Siehe auch Gehfreude, Anspannung

Schwunglose Bewegungen, insgesamt matt, Verlasspferd mit großem Leistungswillen	Oak, Hornbeam
Angespanntes, steifes Pferd mit hartem Trab, diszipliniert, aber auch eigensinnig und wenig flexibel bei Veränderungen in der Routine	Rock Water
Schwieriges, stolzes, wenig unterordnungsbereites Pferd, Tendenz zu aggressivem Verhalten, verspannt, steif, mangelnde Losgelassenheit	Vine
Abgekapseltes, steifes Pferd, kein Schmuser, wenig zugänglich, starr und schwunglos	Water Violet
Steife, schwunglose, disziplinierte, in sich zurückgezogene Tiere, Rückenprobleme, angespannte, verhärtete Muskulatur	Magnolie
Schwunglose, steife Bewegungen, Pferd wirkt matt und erschöpft	Olive, Sweet Chestnut

.Selbstvertrauen
Siehe auch Vertrauen, Unsicherheit, Gehorsam

.Silvester 🧍

Vorbeugend gegen Unruhe oder Angst beim Feuerwerk	Rock Rose, Aspen, Mimulus, Star of Bethlehem, Rotklee
Bei Panik während des Feuerwerks	Notfalltropfen oder zu obiger Mischung zusätzlich Cherry Plum

.Sommerekzem

Warme, entzündete Haut, allergisches Ekzem	Holly, Beech

Stark schuppende Haut, Unruhe, mäkeliges Tier, starker Juckreiz	Crab Apple
Um den Juckreiz zu lindern	Impatiens, Cherry Plum, Notfalltropfen
Abgekapseltes, steifes Pferd, kein Schmuser, wenig zugänglich, starr und schwunglos, giftet nach anderen Pferden, wenn diese zu nah kommen, hartnäckiges Ekzem	Water Violet
Stärkt die Abwehrkraft und das körperliche und seelische Schutzschild sensibler, dünnhäutiger oder vielen Einflüssen ausgesetzter Pferde	Schafgarbe
Bei hartnäckigem, therapieresistentem Ekzem, nichts hilft langfristig	Star of Bethlehem

.Stallwechsel
Siehe auch Heimweh

Unterstützend in der Übergangsphase während des Einlebens	Honeysuckle, Walnut, Elm, Larch, Mimulus, Engelwurz, Notfalltropfen
Zur Unterstützung der Umstellungsphase beim älteren Pferd	Rock Water, Walnut, Engelwurz, Notfalltropfen
Pferd wirkt nach Stallwechsel aus der Spur, verwirrt oder verzagt	Elm, Star of Bethlehem, Walnut, Engelwurz, Notfalltropfen
Pferd nimmt keinen Kontakt zu Artgenossen oder zum neuen Besitzer auf, abgekapselt, unzugänglich	Water Violet, Engelwurz, Notfalltropfen

Schwierigkeiten beim Einleben in fremder Umgebung, vorsichtiges, zurückhaltendes Pferd	Gentian, Star of Bethlehem, Walnut, Engelwurz, Notfalltropfen
Nach häufigen Stall- oder Besitzerwechseln mattes, krankheitsanfälliges oder wenig leistungsbereites Pferd	Gorse, Star of Bethlehem, Walnut, Engelwurz, Notfalltropfen

.Steifigkeit
Siehe auch Anspannung, Verspannungen

.Steigen 👤 !
Siehe auch Stress

Gefasst und unauffällig, kann aber aus heiterem Himmel oder in bestimmten Situationen unberechenbar reagieren und steigen	Cherry Plum, Star of Bethlehem, Notfalltropfen
Steigt in Stresssituationen, schnell ungeduldig oder gereizt	Impatiens, Star of Bethlehem, Notfalltropfen
Steigen als Mittel, seinen Willen durchzusetzen, wenig unterordnungsbereites Pferd	Vine, Notfalltropfen
Steigt in Stresssituationen, wenn es nicht flüchten kann	Mimulus, Star of Bethlehem, Rotklee, Notfalltropfen

.Stolpern ✚
Siehe auch Schmied

Stolpern aus Unachtsamkeit, Unaufmerksamkeit, auch, um das Körpergefühl zu verbessern	Clematis, Cerato, Star of Bethlehem
Vermehrtes Stolpern nach längerfristigem, anstrengendem Einsatz oder längerer Krankheit, z. B. Rehe	Elm, Hornbeam, Oak

Stolpern des älteren Schul- oder Sportpferdes mit Arthrose	Rock Water

.Stress, stressanfällig

Vorbeugend vor Stresssituationen	Elm, Mimulus, Hornbeam, Rotklee
Reagiert auf Veränderungen mit Krankheit, Appetitlosigkeit, Rückzug, verminderter Leistungsbereitschaft	Honeysuckle, Star of Bethlehem, Walnut
Wird schnell unruhig, nervös, gereizt	Impatiens
In neuen Situationen, bei der Begegnung mit Unbekanntem schnell hektisch oder nervös	Mimulus, Rotklee
Stressanfälliges Pferd, neigt zu Scheuen, Durchgehen und Panikattacken, auch während akuter Panik	Rock Rose, Cherry Plum, Star of Bethlehem, Rotklee
Blockiert bei Stress, erstarrt, steht still, wirkt „stur"	Rock Rose, Star of Bethlehem, Clematis

.Sturz 🟥 👤

Nach Stürzen mit oder ohne Reiter	Star of Bethlehem, Rotklee, Notfalltropfen

.Stute
Siehe Zucht, Rosse

.Sturheit
Siehe Eigensinn, Gehorsam, Stress

T

.Therapien schlagen nicht an

Wenn Therapien nicht anschlagen	Gorse, Holly, Hornbeam, Olive, Wild Oat
Bei chronischen körperlichen Erkrankungen wie Allergien, Arthrosen, die sich nur wenig bessern, bei psychischen Problemen, die sich scheinbar wenig beeinflussen lassen	Star of Bethlehem

.Tierarzt

Misstrauisch, lässt sich ungern von Fremden berühren	Gentian, Notfalltropfen
Ungeduldig, kann nicht lange still stehen, auch gereizt oder angriffslustig	Impatiens, Notfalltropfen
Angst vor dem Tierarzt, nervös, zappelig	Mimulus, Star of Bethlehem, Rotklee, Notfalltropfen
Kann vor Angst die Boxenwände hochgehen, unberechenbare Panik, greift notfalls auch an	Cherry Plum, Rock Rose, Star of Bethlehem, Rotklee, Notfalltropfen

.Tierschutz

Nach Vernachlässigung, Misshandlung, Animal Hoarding	Star of Bethlehem, Rotklee, Notfalltropfen
Apathisch, erschöpft, wenig Lebenswillen	Sweet Chestnut, Notfalltropfen

Tierschutzpferd, vernachlässigt, abgemagert, matt und stumpf wirkend, ohne Lebensmut, nimmt keinen Kontakt zum Menschen auf	Gorse, Sweet Chestnut, Star of Bethlehem, Water Violet, Clematis, Rotklee, Engelwurz, Notfalltropfen

.Training

Bei beginnendem Training nach Trainingspause	Elm
Bei beginnendem Training eines Jungpferdes	Chestnut Bud, Cerato, Elm, Gentian, Gänseblümchen
Nach ungewohnter körperlicher Anstrengung, um Muskelkater und mentaler Erschöpfung vorzubeugen und die Regeneration zu unterstützen	Olive, Löwenzahn, Sweet Chestnut, Vervain

.Transport
Siehe Hänger, Verladen

.Trauer !

Aktueller oder länger zurückliegender Verlust oder tief greifende Veränderung im Leben des Pferdes, chronische Erkrankung, mattes, traurig wirkendes Pferd	Honeysuckle, Notfalltropfen
Nach akutem oder länger zurückliegendem Schreck, Schock, Verlust	Star of Bethlehem (Heil- und Trostblüte, „seelisches Arnika"), Notfalltropfen
Starke Trauer mit Appetitlosigkeit, Bewegungsunlust, körperlicher Krankheit nach Verlust, auch nach schwerer Krankheit, schwerem Unfall, schwerem Missbrauch, Gewalt oder tierschutzwidriger Haltung	Sweet Chestnut, Star of Bethlehem, Notfalltropfen

Traurig, schwung- und antriebslos ohne bekannten oder erkennbaren Grund, übernimmt die Schwermut des Besitzers	Mustard, Notfalltropfen
Bei chronischer Krankheit, nach schwerer Krankheit, nach Trennung oder dem Tod eines Pferdekumpels oder einer Bezugsperson	Gorse, Star of Bethlehem, Notfalltropfen

.Trauma, akut ✚ 👤

Nach akutem Schreck, Schock, Unfall, schwerer Verletzung, Heil- und Trost-Blüte, „seelisches Arnika"	Star of Bethlehem (Heil- und Trost-Blüte, „seelisches Arnika"), Notfalltropfen
Nach akuter seelischer oder körperlicher Belastung	Rotklee, Notfalltropfen
Nach akuter Belastung wirkt das Pferd unkonzentriert, nervös oder ist körperlich anfällig	Elm, Star of Bethlehem, Notfalltropfen
Nach schwerer Geburt für Mutterstute und Fohlen, um den Lebenswillen anzufachen	Wild Rose, Rock Rose, Star of Bethlehem, Notfalltropfen

.Trauma, alt 👤

Wirkt auch nach lange zurückliegendem Trauma heilend	Star of Bethlehem, Honeysuckle, Rotklee, Notfalltropfen
Energieloses, erschöpftes Pferd, kann sich nicht entspannen, bei altem Trauma, z. B. abruptes, zu frühes Absetzen, Unfall oder Operation	Olive, Star of Bethlehem, Sweet Chestnut, Rotklee, Notfalltropfen
Reagiert bei Stress oder neuen Situationen mit Panik, scheut schnell, ängstliches, angespanntes Pferd	Rock Rose, Star of Bethlehem, Rotklee, Notfalltropfen

Tierschutzpferde, vernachlässigte Tiere, matt und stumpf wirkend, ohne Lebensmut	Clematis, Gorse, Sweet Chestnut, Star of Bethlehem, Rotklee, Notfalltropfen
Pferd ist häufig in bestimmten oder unbestimmten Situationen geistig abwesend, dissoziiert, steht zum Beispiel vor dem Pferdeanhänger, ohne sich zu rühren, oder dreht teilnahmslose Runden unter dem Reiter	Clematis, Star of Bethlehem, Engelwurz, Notfalltropfen
In sich zurückgezogenes Pferd mit wenig Ausstrahlung, möchte alles richtig machen, schnell entmutigt oder erschreckt	Pine, Notfalltropfen

.Triebigkeit
Siehe Gehfreudigkeit, Schwung

.Trockenreiten

Pferd schwitzt stark, schwitzt auch nach	Mimulus
Pferd kann sich beim Trockenreiten nicht gut entspannen, trabt immer wieder an, hohe Kopfhaltung	Vervain
Schreckhaft, springt schnell zur Seite, zuckt zusammen, sieht „Gespenster", viele Ängste, beim Trockenreiten eilig und angespannt	White Chestnut, Rotklee

.Turniere
Siehe auch Aktionen, Auktionen, Prüfungen, Verweigern

Routinier, kommt aber nicht mit Veränderungen gewohnter Abläufe zurecht	Rock Water

Die gut bewährte Prüfungskombination nach Barnard sorgt bei Turnieren für Mut, Selbstvertrauen, Gelassenheit, Konzentration und Präsenz	**Prüfungsmischung nach Barnard** Gentian, Elm, Larch, Clematis, White Chestnut 👤

U

.Unaufmerksamkeit, Konzentrationsschwäche

Träumt herum, lässt sich leicht ablenken, wirkt immer ein wenig abwesend	**Clematis, Star of Bethlehem**
Macht nicht richtig mit, unaufmerksam, macht immer die gleichen Fehler	**Chestnut Bud**
Jungpferd, schnell ablenkbar, kurze Aufmerksamkeitsspanne	**Chestnut Bud, White Chestnut, Wild Oat, Cerato, Gänseblümchen**
Unsicheres, schüchternes Tier, Angst vor neuen Situationen, Veränderungen im Tagesablauf, unaufmerksam aus Nervosität	**Larch, Star of Bethlehem**
Kann sich nicht lange konzentrieren, sprunghaft in seiner Aufmerksamkeit, wechselhafte, keine konstante Leistungsbereitschaft	**Scleranthus**
Schreckhaft und angespannt, unaufmerksam, springt schnell zur Seite, zuckt zusammen, sieht „Gespenster", viele Ängste, z.B. vor Kühen, kann Übungen oder Bewegungsabläufe plötzlich nicht mehr, die es schon gelernt hatte, in Prüfungen unkonzentriert oder chaotisch	**White Chestnut**
Unaufmerksam, unruhig, schnell abgelenkt, will dauernd durchstarten, hört nicht richtig zu	**Vervain**

| Kann sich nach einem negativen Erlebnis nicht mehr richtig konzentrieren | Star of Bethlehem, Gentian |

.Unberechenbarkeit 👤

| Gefasst und unauffällig, kann aber aus heiterem Himmel oder in bestimmten Situationen unberechenbar reagieren oder explodieren | Cherry Plum, Rock Rose, Star of Bethlehem, Notfalltropfen |
| Schwieriges, stolzes, wenig unterordnungsbereites Pferd, Tendenz zu aggressivem Verhalten, verspannt, wachsam, typischer Herdenchef, der selbst bestimmen möchte | Vine, Notfalltropfen |

.Unfruchtbarkeit ✚
Siehe auch Zucht, Rosse

| Stute nimmt nicht auf | Crab Apple, Pine, Rock Water, Star of Bethlehem, Walnut, Water Violet |

.Ungeduld

| Nimmt Lektionen voraus, kann nicht still stehen | Impatiens |

.Ungehorsam
Siehe auch Eigensinn, Stress

| Dominantes, selbstbewusstes Pferd, kämpft gegen Druck und Bevormundung, häufig tyrannisch in der Herde und in der Beziehung zum Menschen eigenwillig, möchte als Partner mitarbeiten, nicht als Befehlsempfänger | Vine |
| Arbeitet am liebsten selbstbestimmt. Leistungswilliges, aktives, aber ungeduldiges Pferd, das sich ungern dominieren lässt | Impatiens |

| Stressanfälliges Tier, unberechenbar über-reagierend | Cherry Plum, Rock Rose, Star of Bethlehem, Rotklee |

.Unruhe

Unaufmerksam, unruhig, schnell abgelenkt, will dauernd durchstarten, hört nicht richtig zu	Vervain
Angespannt, ungeduldig, zackelig, hohe Kopfhaltung, Kämpferherz	Impatiens
Hohe Leistungsbereitschaft, angespannt, mangelnde Losgelassenheit, neigt zu Rücken-problemen	Löwenzahn
Unruhige Herde, für die ganze Herde	Agrimony, Brenn-nessel

.Unsicherheit

Unsicheres, schüchternes Tier, Angst vor neuen Situationen, Veränderungen im Tagesablauf, eher still leidend und duldsam, klebt an anderen Pferden	Larch, Star of Bethlehem, Cerato, Hahnenfuß
Kein Verlasspferd, lässt sich aber überreden, liebes, schnell nervöses Tier	Mimulus, Star of Bethlehem

.Überempfindlichkeit

Reagiert übersensibel auf Reiterhilfen oder Tadel, lässt sich schnell von Menschen oder anderen Pferden gängeln	Pine
Reagiert überempfindlich auf Veränderungen im Tagesablauf oder Training, z.B. bei Weiden oder Boxenwechsel oder wenn sich Futter- oder Trainingszeiten oder -abläufe ändern	Walnut

Überempfindliches Pferd, das schnell auf Stimmungen anderer reagiert, viel „sieht", schnell scheut, dünnhäutig, ängstlich, häufig Vollbluttyp	Aspen, Star of Bethlehem, Clematis, Rotklee
Empfindlich gegen Lärm, Gerüche, empfindsam in neuen Situationen, verliert schnell den Überblick, schüchtern, vorsichtig, ängstlich	Mimulus, Star of Bethlehem, Rotklee
Stärkt die Abwehrkraft und das körperliche und seelische Schutzschild sensibler, dünnhäutiger oder vielen Einflüssen ausgesetzter Pferde	Schafgarbe

.Überforderung

Siehe auch Prüfungsmischung

Nach anstrengendem Training, vielen neuen Eindrücken, Veränderungen im Tagesablauf oder auch aus nach eingehender Diagnose nicht ersichtlichen Gründen macht das Pferd nicht mehr mit, wirkt kraftlos, verweigert die Leistung	Elm, Hornbeam, Olive, Gentian, Mustard, Sweet Chestnut
Schnell überfordert aus Unsicherheit, kann dann nicht mehr klar reagieren	Larch, Clematis, Star of Bethlehem, Hahnenfuß, Notfalltropfen
Überforderung, ängstlich oder empfindlich, reagiert sehr sensibel, störanfällig	Mimulus, Star of Bethlehem, Notfalltropfen
Verlasspferd, Leistungspferd, wird leicht überfordert, weil es immer mitmacht, erschöpft sich, ohne aufzugeben	Oak, Notfalltropfen
Nach ungewohnter körperlicher Anstrengung, nach körperlicher oder seelischer Überforderung, um Muskelkater und mentaler Erschöpfung vorzubeugen und die Regeneration zu unterstützen	Olive, Löwenzahn, Sweet Chestnut, Vervain, Notfalltropfen

V

.Veranstaltungen
Siehe Aktionen, Auktionen, Prüfungen, Turniere

.Veränderung

Vor einschneidenden Veränderungen, aber auch im Wachstum, bei bekannten Umstellungs- schwierigkeiten bei Futter-, Stall-, Boxen- , Reiter- oder Weidewechsel zur Unterstützung	Walnut, Notfall- tropfen
Reagiert auf Veränderungen mit Krankheit, Appetitlosigkeit, Rückzug, verminderter Leistungsbereitschaft	Honeysuckle, Star of Bethlehem, Notfall- tropfen
Unsicheres, schüchternes Tier, Angst vor Veränderungen und Neuem, eher still leidend und duldsam, Stressdurchfall	Larch, Star of Bethlehem, Gänse- blümchen, Notfall- tropfen
Irritiert bei Veränderungen gewohnter Abläufe im Alltag oder auch bei Prüfungen	Rock Water, Star of Bethlehem, Engel- wurz, Notfalltropfen
Veränderungsmischung, unterstützend bereits vor anstehenden Veränderungen geben	Walnut, Honeysuckle, Rock Water, Notfall- tropfen

.Verdauungsstörungen !

Unproblematischer und leistungswilliger „Mitmacher", verlässlich, bei Überforderung häufig Durchfall, Magengeschwür	Agrimony
Unsicheres, schüchternes Tier, Angst vor, eher still leidend und duldsam, Neigung zu Stress- durchfall in neuen Situationen oder bei Veränderungen im Tagesablauf	Larch, Mimulus, Star of Bethlehem
Wechselnde Verdauungsstörungen, mal Durchfall, mal unauffällig	Scleranthus

.Verkehrssicherheit

Siehe auch Geländesicherheit, Stress, Angst

Kein Verlasspferd, erschreckt sich schnell, scheut bei lauten Geräuschen oder Begegnung mit Unbekanntem	Mimulus, Star of Bethlehem, Rotklee, Notfalltropfen
Schreckhaft und angespannt, unaufmerksam, springt schnell zur Seite, zuckt zusammen, sieht „Gespenster", viele Ängste, z. B. vor LKWs	White Chestnut, Rotklee, Notfall-tropfen

.Verladen
.Verladetraining

Unterstützend während des Trainings	Chestnut Bud, Mimulus, Scleran-thus, Rotklee, Notfalltropfen

.Probleme beim Verladen

Angst vor dem Geräusch der Hufe auf der Rampe, vor der Enge des Hängers, vorm Fahrgefühl, lässt sich nur mit sehr viel Geduld verladen	Mimulus, Rock Rose, Star of Bethlehem
Geht nicht (gern) in den Hänger, wenn darin noch ein zweites Pferd steht	Water Violet
Geht ruhig in den Hänger, schießt aber wieder heraus, Unruhe oder Schwitzen während der Fahrt	Scleranthus, Star of Bethlehem
Schießt immer wieder panisch aus dem Hänger, große Angst beim Verladen	Rock Rose, Star of Bethlehem, Engel-wurz
Steht abwesend vor dem Hänger, ohne sich zu rühren	Star of Bethlehem, Engelwurz
Steigt vor dem Hänger, schlägt nach hinten oder vorne aus, hohe Kopfhaltung	Mimulus, Star of Bethlehem, Cherry Plum

Legt sich auf dem Hänger hin, sackt in sich zusammen	Star of Bethlehem, Rock Rose, Clematis
Nach Unfall mit dem Pferdehänger, traumatischem Transport oder gewalttätigem Verladen	Star of Bethlehem, Rock Rose, Gentian, Engelwurz

.Verletzungen

Häufig kleine Verletzungen oder Beschwerden, auch, wenn „sein" Mensch z. B. verreist	Chicory
Ständig wechselnde Beschwerden	Scleranthus

.Vernachlässigung ✚ 🚹
Siehe auch Tierschutz

Vernachlässigtes Tierschutzpferd, um die Heilung körperlich und seelisch zu unterstützen	Crab Apple, Olive, Gorse, Clematis, Star of Bethlehem, Rotklee, Notfalltropfen

.Verspannungen
Siehe auch Anspannung

Vor, während und nach ungewohnter oder starker körperlicher Anstrengung, um Muskelkater und mentaler Erschöpfung vorzubeugen oder zu lindern und die Regeneration zu unterstützen, auch bei Genick- und Rückenschmerzen, auch in Stresssituationen oder besonders aktiven Zeiten	Olive, Löwenzahn, Sweet Chestnut, Vervain
Nach lang andauernder Arbeitsphase, beim Schul- oder Sportpferd, starke Anspannung im Genick, Hals und Rücken, jedoch meist zuverlässig, wenig angenehm zu reiten	Rock Water

.Vertrauen 🧍

Misstrauisch, immer ein wenig auf dem Sprung, vertraut seinem Menschen nicht genug	Gentian, Star of Bethlehem

.Verweigern 🧍

Immer an bestimmtem Hindernis	Mimulus, Larch, Star of Bethlehem, Notfalltropfen
Pferd geht ungern ins Wasser	Crab Apple, Notfalltropfen
Aus unerklärlichen Gründen oder nach anstrengender Turniersaison wirkt das Pferd erschöpft, auch zur Unterstützung der Erholung nach anstrengender Trainingsphase	Elm, Notfalltropfen
Gibt schnell auf, wenn die Rahmenbedingungen nicht stimmen oder etwas minimal schief lief	Gentian, Notfalltropfen
Lässt sich schnell verunsichern, scheut vor Regenschirmen, verweigert aus Ängstlichkeit, braucht viel Vertrauen zum Reiter	Mimulus, Notfalltropfen
Unsicher, traut sich nichts zu, verliert schnell den Überblick	Larch, Hahnenfuß, Notfalltropfen
Hält sich zurück, fährt nur halbe Kraft, unsicherer Kandidat bei Prüfungen, verweigert oder scheut	Engelwurz, Notfalltropfen
Unzuverlässig im Parcours nach unschönem Erlebnis, Verletzung	Star of Bethlehem, Engelwurz, Notfalltropfen
Unzuverlässig im Parcours, wenn der Ablauf sich ändert, braucht immer die gleichen Bedingungen	Rock Water, Notfalltropfen
Generell unzuverlässig, mal in Siegerlaune, mal völlig unaufmerksam	Scleranthus, Notfalltropfen

Leistungsbereites, aber häufig unkonzentriertes, ungeduldiges oder eigensinniges Pferd, neigt zum Losstürmen	Vervain, Impatiens, Notfalltropfen

W

.Warmreiten
Siehe auch Losgelassenheit
Langes Warmreiten nötig

Lange Lösungsphase des älteren, angespannten oder steifen Schul- oder Sportpferdes, auch bei Arthrose	Oak, Rock Water, Löwenzahn
Lange Lösungsphase des angespannten, übereifrigen Leistungspferdes	Vervain
Abgekapseltes, steifes Pferd, kein Schmuser, wenig zugänglich, starr und schwunglos, giftet nach anderen Pferden, wenn diese zu dicht aufreiten, braucht lange Lösungsphase	Water Violet

.Weben
Siehe Koppen und andere Stereotypen

.Weide, Probleme auf der Weide

Geht unterm Zaun durch
Siehe Zäune
Jagt andere Pferde
Siehe Herde, Mobbing
Vertritt sich ständig
Siehe Anfälligkeit, Verletzungen
Klebt immer an einem Pferd
Siehe Allein sein
Wird gemobbt, mobbt selbst
Siehe Herde, Mobbing, Aggressionen

Z

.Zackeln

Hat Schwierigkeiten, im Schritt zu bleiben	**Vervain, Impatiens**
Ängstlich und unruhig, trabt immer wieder an oder schießt plötzlich los	**Aspen, Rotklee**
Stressanfälliges Tier, in bestimmten Situationen schnell aus der Ruhe zu bringen und schwer zu regulieren	**Rock Rose, Rotklee**

.Zahnprobleme beim Jungpferd
Siehe auch Jungpferd

	Walnut, Cerato, Gänseblümchen

.Zäune
Siehe auch Körpergefühl

Bricht gerne aus, akzeptiert Zäune nur schwer, auch unempfindlich gegen Strom	**Clematis**
Gefühllosigkeit, scheint seinen Körper oder bestimmte Körperregionen nicht richtig zu fühlen, unempfindlich gegen Strom, auch zur Unterstützung von Körpertherapien oder nach Wachstumsschüben	**Star of Bethlehem**
Bricht aus, um zu seinem Pferdekumpel zu gelangen, extreme Bindung an ein anderes Pferd	**Red Chestnut**
Bricht aus Abenteuerlust oder Futtergier aus, „Ausbrecherkönig"	**Birne**

.Zucht ✚
Siehe auch Fohlen, Geburt

Vorsorglich für erstgebärende Stuten, die vom Fohlen irritiert sein könnten, einige Tage vor der Geburt geben	Elm, Rock Rose, Chicory, Star of Bethlehem, Walnut
Überfordert mit der Situation, nervös, gestresst	Mimulus, Elm, Chicory, Red Chestnut, Rock Rose, Star of Bethlehem, Walnut
Wenig Milch, zappelig, wenn das Fohlen trinkt	Chicory, Heather, Elm
Stute verweigert dem Fohlen das Euter	Mimulus, Star of Bethlehem, Walnut, Water Violet
Unmütterliche Mutter, stößt das Fohlen weg, lässt es nicht ans Euter, lehnt es ab, häufig erstgebärende Stuten	Agrimony, Holly, Star of Bethlehem, Walnut
Übermutter, besonders besorgt, ängstlich, gestresst	Red Chestnut, Star of Bethlehem, Walnut
Überbesorgte Mutterstute, auch angriffslustig gegenüber anderen Pferden oder dem Menschen	Red Chestnut, Cherry Plum, Holly, Star of Bethlehem, Walnut
Ältere, erschöpfte Zuchtstute, auch nach erschöpfender Geburt	Elm, Olive, Sweet Chestnut, Star of Bethlehem, Rock Rose, Walnut
Bei den ersten Anzeichen einer Euterentzündung (Mastitis) sowie bei nachgeburtlichen Schwellungen und gestauter Lymphe zusätzlich zur tierärztlichen Behandlung	Crab Apple, Rescue Remedy, Birne

Lehnt den Hengst ab, nimmt nicht auf oder stößt die Frucht immer wieder ab	**Crab Apple, Pine, Star of Bethlehem, Walnut, Water Violet, Birne**
Nach dem Tod des Fohlens oder der Mutterstute für das jeweils andere Tier	**Red Chestnut, Sweet Chestnut, Rock Rose, Honeysuckle, Star of Bethlehem, Walnut, Rotklee, Birne**
Absetzen des Fohlens, für Fohlen und Mutterstute	**Honeysuckle, Walnut, Star of Bethlehem, Chicory, Red Chestnut, Birne, Engelwurz**
Unfruchtbarkeit, Stute nimmt nicht auf	**Crab Apple, Pine, Rock Water, Star of Bethlehem, Walnut, Water Violet**

PRAXISTIPP Statt der spezifischen Mischung können Sie in jedem Fall auch Notfalltropfen geben. Saugfohlen nehmen die Blüten über die Muttermilch auf. Geben Sie dafür einige Tropfen auf die Hand und reiben Sie das Euter damit ein oder verabreichen Sie die Mischung über das Futter der Stute.

Zurückbleiben
Siehe auch Allein bleiben

Wird panisch, wenn es zurückbleiben muss, kann nicht gut allein sein, geht auf Ausritten nicht gerne hinten	**Red Chestnut, Cerato, Mimulus, Star of Bethlehem, Birne, Notfalltropfen**

Bach-Blüten von A–Z

Agrimony/Odermennig

Ehrlichkeits-Blüte, Unruhe, Anspannung, bei Unruhe in der Herde, hampeliges Pferd, z. B. am Anbinder, Friedensstifter in der Herde, kaut alles an, gieriger oder leidenschaftlicher Fresser, bei Rückschritten in der Ausbildung oder bei Erschöpfung, Zähneknirschen, Koppen, Muskelverspannung, häufige, leichte Koliken, auch leichte Koliken während Rosse und Trächtigkeit, Ekzem, Abort, unruhig mit dem Fohlen, steht nicht still, wenn das Fohlen saugen will, prinzipiell unproblematisches Gute-Laune-Pferd
Häufig zusammen mit: Oak, Vervain, Chestnut Bud, Centaury, Cherry Plum, Chicory, Clematis, Crab Apple, Star of Bethlehem, Water Violet, Larch, Scleranthus

Aspen/Zitterpappel	Vorahnungs-Blüte, Ängste bis zur Panik, sieht häufig Gespenster, wirkt trotz Angst ruhig, starrer Blick, gefriert vor Angst, sackt zusammen vor Panik, Angst- oder Stressdurchfall oder -schweiß, Zittern, starrer Blick, Geräusch- und Geruchsempfindlichkeit, Überempfindlichkeiten, Durchgehen, Nicht-einfangen-Lassen, kann nicht allein sein, Kleben, Schlundverstopfung nach Stress, Verladeprobleme **Häufig zusammen mit:** Mimulus, Cherry Plum, Star of Bethlehem, Rock Rose, Chicory, Heather, Clematis, Larch, Notfalltropfen
Beech/Rotbuche	Toleranz-Blüte, überempfindlich, mäkeliger Fresser, schnell gereizt, mobbt in der Herde, aggressiv in der Gruppe, giftet, schnappt oder tritt nach anderen Pferden, auch beim Reiten, eigenwillig und bei Anforderungen schlecht gelaunt, besteht auf regelmäßigen Fütterungszeiten, intolerant, mag z. B. keine Kinder, Hunde, Leute mit Hut Allergien, Muskelverspannungen, Hautreaktionen auf Insektenstiche, Verdauungsstörungen **Häufig zusammen mit:** Holly, Crab Apple, Vine, Cherry Plum
Centaury/ Tausendgüldenkraut	Schulpferde-Blüte, wenig Selbstbewusstsein, rangniedrig, Mobbingopfer, reagiert stark auf Lob oder Tadel, brave Schul- und Anfängerpferde, Tierschutzpferde, Stärkung des Immunsystems, Genick- und Rückenschmerzen, Senkrücken, Infektanfälligkeit, Schwäche des Immunsystems **Häufig zusammen mit:** Larch, Pine, Cerato, Mimulus, Clematis, Olive

Cerato/Hornkraut	Intuitions-Blüte, Jungpferde-Blüte, Unsicherheit, Un-erfahrenheit, lernt schnell von anderen, kann nicht allein bleiben, wenn man sich mehr selbständige Mitarbeit vom Pferd wünscht, vor Turnieren, während längerer Leistungsprüfungen, wenn das Pferd stark eingeschränkt ist, z. B. erzwungene Boxenruhe oder Quarantäne, bei Verletzungsanfälligkeit, im Zahn-wechsel, bei Wachstumsstörungen **Häufig zusammen mit:** Chestnut Bud, White Chestnut, Red Chestnut, Mimulus, Clematis, Star of Bethlehem, Centaury, Larch, Walnut, Wild Oat, Gänseblümchen
Cherry Plum/ Kirschpflaume	Gelassenheits-Blüte, explosives Verhalten, Unruhe und Nervosität, Verladeprobleme, große Angst vor Schmied oder Tierarzt, Misstrauen, plötzliche Wut-anfälle gegenüber anderen Pferden, Durchgehen, heftiges Buckeln, Steigen, Panikreaktionen, große Anspannung, Tierschutzpferde, nach Misshandlung, Unfall, Trauma, Koppen, Weben, Sattelzwang, Kopf-schleudern, Headshaker, häufige Koliken, Juckreiz, Allergien, Muskelverspannungen, Hustenanfälle **Häufig zusammen mit:** Aspen, Mimulus, Beech, Holly **Als Bestandteil der Notfalltropfen** mit Star of Bethlehem, Rock Rose, Clematis, Impatiens
Chestnut Bud/ Rosskastanienknospe	Lern-Blüte, Jungpferde-Blüte, vor dem Einfahren oder Anreiten und währenddessen, Konzentrations-schwierigkeiten, vor neuen Situationen, z. B. erster Zucht- oder Deckeinsatz, Verladen, Hyperaktivität, wenig Ausdauer, trampeliges, hampeliges oder un-ruhiges Verhalten am Putzplatz oder beim Reiten, nimmt alles ins Maul, Pferd wirkt jünger, als es ist, langsamer Lerner, immer wieder die gleichen Fehler in Prüfungen, Fruchtbarkeitsprobleme, chronische Krankheiten wie Hufrehe, Bronchitis, Haut- oder Augenerkrankungen **Häufig zusammen mit:** Cerato, Elm, Clematis, White Chestnut, Red Chestnut, Walnut, Gentian, Larch, Pine, Gänseblümchen

Chicory/Wegwarte

Beziehungs-Blüte, forderndes, herrschsüchtiges Pferd, aufdringlich, stark an anderes Pferd gebunden, das aber drangsaliert wird, unsichere Erstlingsstuten, Übermutter, die ihr Fohlen nicht aus den Augen lässt, klammerndes Fohlen, häufige leichte Gesundheitsprobleme, kleine Verletzungen, stille Rosse, häufige, leichte Koliken, angelaufene Beine

Häufig zusammen mit: Heather, Elm, Scleranthus, Agrimony, Aspen, Mimulus, Red Chestmut, Walnut, Star of Bethlehem

Clematis/Waldrebe

Realitäts-Blüte, verträumt, antriebslos, unkonzentriert, unmotiviert, Lernschwäche, schlapp, wenig Ausdauer, schläft viel, vitalitätsarm, verschleierter Blick, nach Unfall, Schreck, Schock, Trauma, langer Krankheit oder Operation, schlechtes Körpergefühl, stößt sich leicht, „siebter Sinn".

Stolpern, Sehschwäche, blasse Schleimhäute, Immunschwäche, angelaufene Beine, kalte Beine, kalte Hinterhand, erholt sich schlecht von Krankheiten

Häufig zusammen mit: Water Violet, Mimulus, Aspen, Cerato, Chestnut Bud, Gorse, Sweet Chestnut

Als Bestandteil der Notfalltropfen mit Star of Bethlehem, Rock Rose, Cherry Plum, Impatiens

In der Prüfungsmischung mit Gentian, Elm, Larch, White Chestnut

Crab Apple/Holzapfel

Ordentlich in der Box, mäkelig beim Fressen, geht nicht durch Pfützen oder auf schlammigem Untergrund, Stute lehnt Hengst ab, nimmt nicht auf, nimmt ihr Fohlen nicht an.

Zur Ausleitung, im Fellwechsel, nach Impfung, Entwurmung, Antibiose oder anderer allopathischer Therapie, schlecht heilende Wunden, Hautprobleme aller Art

Häufig zusammen mit: Water Violet, Agrimony, Mimulus, Rock Water, Impatiens, Elm, Walnut, Star of Bethlehem, Hornbeam, Holly

Elm/Ulme	Verantwortungs-Blüte, Stärkung der Abwehrkraft, Vorbeugung von Muskelkater, akute Überforderung, momentane Leistungsschwäche, wenig Ausdauer, Konditionsmangel, Erschöpfung, Motivationsmangel, Mattigkeit, bei Anstrengung zur Kräftemobilisierung, z. B. bei schwerer Geburt, fordernder oder mehrtägiger Prüfung, Stechen, auch bei Reisen, Stall- oder Besitzerwechsel, schwerer hochakuter oder chronischer Krankheit, Rekonvaleszenz. Vorbeugend am Ende der Trächtigkeit vor der Geburt, Prüfungen, Reisen **Häufig zusammen mit:** Hornbeam, Olive, Walnut, Honeysuckle, Star of Bethlehem, Sweet Chestnut, Oak, Chicory, Gorse **In der Prüfungsmischung** mit Gentian, Larch, Clematis, White Chestnut
Gentian/Fransenenzian	Glaubens-Blüte, Lernschwierigkeiten, Verladetraining, Mutlosigkeit, Mattigkeit, Pferd wirkt depressiv, vor Prüfungen oder anderen stressigen Ereignissen, nach belastenden, unschönen Erlebnissen oder Misserfolgen, leicht zu verunsichern oder zu entmutigen, kann sich schwer auf neue Bedingungen einstellen, Tierschutzpferde, nach Vernachlässigung, lang andauernde Rekonvaleszenz, Rückschläge in der Heilung, während und nach schweren Geburten, um die Lebenskraft anzuregen **Häufig zusammen mit:** Olive, Gorse, Cerato, Honeysuckle, Hornbeam, Rock Water, Chestnut Bud, Walnut, Wild Rose, Star of Bethlehem **In der Prüfungsmischung** mit Elm, Larch, Clematis, White Chestnut

Gorse/Stechginster	Hoffnungs-Blüte, Depression, Resignation, wenig Lebenslust, mutlos nach Besitzerwechsel, angestrengt wirkend Therapiepferde, Tierschutzpferde, nach Vernachlässigung, chronische Krankheit, Appetitlosigkeit, stumpfes Fell, trübe Augen, „Arsenicum Album" der Bach-Blüten, Hufrehe, chronische Bronchitis, Sommerekzem, schwere Fohlenkrankheit **Häufig zusammen mit:** Olive, Hornbeam, Wild Rose, Wild Oat, Sweet Chestnut, Mustard, Walnut, Rock Water, Water Violet, Clematis, Star of Bethlehem, Holly
Heather/Heidekraut	Identitäts-Blüte, Aufdringlichkeit, Eifersucht, Konkurrenz, schwierig in der Herde, Probleme mit Alleinsein, Kleber, beim Reiten eigensinnig, selbstbezogen und mitunter schwer zur Mitarbeit zu bewegen, kann sich in ein Verhalten reinsteigern, verletzungs- und krankheitsanfällig, unklarer Juckreiz **Häufig zusammen mit:** Chicory, Mimulus, Aspen, Elm, Star of Bethlehem, Larch, Holly, Cerato, Red Chestnut
Holly/Stechpalme	Herzens-Blüte, starke Eifersucht, überschießende Aggression, griesgrämig, schwierig in der Gruppe zu halten und zu reiten, geht auf andere Pferde, auch auf Hunde, Katzen, Kinder, los, aggressiv zu Neuzugängen in der Herde, futterneidisch, Futteraggressionen, Stute lehnt Hengste ab, nimmt nicht auf, wird nicht tragend, Abort, extrem hengstige, aggressive Hengste, Juckreiz, Hautallergie, Entzündungen, akute Hufrehe, Hufabszess, akute Kolik, hohes Fieber, Krankheiten, die sich plötzlich und heftig entwickeln „Belladonna" der Bach-Blüten **Häufig zusammen mit:** Beech, Impatiens, Vine, Cherry Plum, Crab Apple, Star of Bethlehem, Gorse, Wild Oat, Olive, Hornbeam, Water Violet

Honeysuckle/Geißblatt	Vergangenheits-Blüte, vor oder nach Stall- oder Besitzerwechsel oder anderen einschneidenden Veränderungen wie Verlust eines Freundes, Absetzen, Kastration etc., Heimweh, Trauer, Appetitlosigkeit, nach belastendem Ereignis, für Pferdesenioren. Narbenschmerzen, verhärtete Narben, Probleme mit Fellwechsel, Rekonvaleszenz, Anregen der Lebenslust **Häufig zusammen mit:** Walnut, Star of Bethlehem, Elm, Clematis, Hornbeam, Chicory, Red Chestnut
Hornbeam/Hainbuche	Energie-Blüte, vor oder nach Stall- oder Besitzerwechsel oder anderen Veränderungen, nach überfordernden Lebensabschnitten, Appetitlosigkeit, Konzentrationsschwäche, Leistungstief, Rückschritte in der Ausbildung, nach länger andauernder Anstrengung (Turniersaison, chronische Krankheit, Zuchteinsatz) erschöpft oder körperlich angeschlagen, Milchmangel bei Zuchtstuten, Unfruchtbarkeit bei Hengst oder Stute, Abwehrschwäche, Senkrücken, Hufrehe, chronische Bronchitis, in der Rekonvaleszenz **Häufig zusammen mit:** Elm, Olive, Gentian, Larch, Walnut, Star of Bethlehem, Clematis, Crab Apple, Oak, Holly, Wild Oat, Gorse
Impatiens/Springkraut	Zeit-Blüte, Anspannung, Ungeduld, eiliges Laufen, Zackeln, Zappeln und Scharren am Anbinder, Schwierigkeiten mit der Losgelassenheit, mit Durchparieren, Anhalten, Stehenbleiben, hohe Kopfhaltung, kann sich schwer auf andere Reiter einstellen, gereizt und giftig mit anderen Pferden, läuft gern vorne, braucht viel Bewegung und Abwechslung, energisch, leistungsbereit, Kämpferherz, Durchgänger, bei Stress, auch vorbeugend akute Schmerzen, Juckreiz, Allergien, nach Verletzungen, Headshaking **Häufig zusammen mit:** Scleranthus, Holly, Vervain, Rock Water, Crab Apple, White Chestnut, Olive, Elm, Mimulus **Als Bestandteil der Notfalltropfen** mit Star of Bethlehem, Rock Rose, Cherry Plum, Clematis

Larch/Lärche	Selbstvertrauens-Blüte, unsicheres, braves Pferd, dem der Mut fehlt, Mobbingopfer, wehrt sich nicht, wenig Kampfgeist, entmutigt, ängstlich, scheue Fohlen, nach Schock, Schreck, Misshandlung, vor Prüfungen, Abwehrschwäche, Wachstumsstörungen, „mickriges" Pferd, zögerliche Heilung oder Rekonvaleszenz, Sommerekzem, Unfruchtbarkeit bei Hengst oder Stute, **Häufig zusammen mit:** Star of Bethlehem, Mimulus, Centaury, Pine, Hornbeam, Cerato, Walnut **In der Prüfungsmischung mit:** Gentian, Elm, Clematis, White Chestnut
Mimulus/Gauklerblume	Tapferkeits-Blüte, friedlich, sensibel, zart, ängstlich, schnell nervös, scheu, geräuschempfindlich, verweigert bestimmten Sprung, geht nicht ins Wasser, fürchtet sich vor bestimmten Dingen wie z. B. Tierarzt, Kühen, Traktoren, Verladeproblem, Sattelzwang, vor Prüfungen, vor stressigen Erfahrungen, vor Neuem, z. B. erster Hufbeschlag, erstes Mal Decken etc., nach belastenden oder traumatischen Erlebnissen. Stressdurchfall, Schlundverstopfung bei Stress, Stresskolik, Überempfindlichkeiten, z. B. gegen Kälte, Hitze, Insektenflug, nervöses Headshaking, Koppen **Häufig zusammen mit:** Aspen, Crab Apple, Star of Bethlehem, Larch, Pine, Centaury, Cerato, Chestnut Bud, Chicory, Heather, Rock Rose, Cherry Plum, Wild Rose, Notfalltropfen
Mustard/Ackersenf	Licht-Blüte, Antriebsschwäche, Traurigkeit kommt und geht, wechselhafter Appetit, schläft oder döst viel, begleitend bei chronischer Krankheit, hormonelles Ungleichgewicht, niedergeschlagene Rentnerpferde, nach großer Anstrengung erschöpft und teilnahmslos **Häufig zusammen mit:** Scleranthus, Star of Bethlehem, Gentian, Gorse, Sweet Chestnut, Clematis, Olive, Hornbeam

Notfalltropfen

Aus den fünf Blüten-Essenzen **Star of Bethlehem, Cherry Plum, Clematis, Impatiens** und **Rock Rose** gemischte, von Bach selbst zusammengestellte Mischung für Schock, Notfall, Erste Hilfe, starken Stress, vor, während und nach Operationen, Prüfungen, körperlichen und seelischen Belastungen. Kann in diesen Fällen zusätzlich auch von beteiligten Zuschauern, Helfern oder dem Reiter genommen werden.

In einer akuten Stresssituation ist es am sinnvollsten, vier Notfalltropfen aus der Vorratsflasche in Wasser aufzulösen und in kurzen Abständen einen kleinen Schluck aus dem Glas zu nehmen oder zu geben. Auch mehrmals einige Tropfen direkt aus der Pipette der Vorratsflasche wirken stärkend, falls keine Verdünnungsmöglichkeit besteht.

Häufig zusammen mit: Aspen, Mimulus, Crab Apple, Elm, Hornbeam, Olive, Walnut

Oak/Stieleiche

Ausdauer-Blüte, selbstbewusste Leistungspferde, belastbar, zuverlässig, nobel, ehrlich, tapfere Kämpferherzen, mitunter eigensinnig, ausdauernd auch in schlechten Angewohnheiten, z. B. beim Scheuchen anderer Pferde, ältere Sportpferde, in besonders belastenden Lebenssituationen, z. B. bei schwerer Krankheit des Pferdes oder seines Besitzers, bei erzwungener Boxenruhe, ausgelaugte, chronisch erschöpfte Pferde, Pferde im Ruhestand, schwunglose, angespannte, steife Tiere, Genick-, Nacken-, Hals- oder Rückenschmerzen, Leistungsknick, Leistungstief, Muskelkater, chronische Krankheit, nach Kollaps

Häufig zusammen mit: Olive, Elm, Hornbeam, Vervain, Rock Water, Star of Bethlehem, Gorse

Olive/Ölbaum	Regenerations-Blüte, völlig erschöpft, Kollaps, Schwächezustände, wenig Lebenskraft, chronische oder schwere Krankheit, z. B. Hufrehe, schwere Geburt (für Stute und Fohlen), nach körperlich oder seelisch anstrengenden Situationen oder Phasen, Tierschutz-pferde, frühes Anreiten, früher oder intensiver Einsatz im Sport, lange Lösungsphase, Appetitlosigkeit, Leistungstief, nach Operationen, Rekonvaleszenz **Häufig zusammen mit:** Elm, Hornbeam, Oak, Gentian, Gorse, Red Chestnut, Rock Water, Sweet Chestnut, Star of Bethlehem, Vervain, Willow, Wild Rose, Wild Oat, Holly
Pine/Waldkiefer	Selbstliebe-Blüte, kraftlos, aber bemüht, schüchtern, unterwürfig, wehrt sich nicht, in sich gekehrt, ernst, Mobbingopfer, schnell nervös und ängstlich, schnell eingeschüchtert, Stute nimmt nicht auf, resorbiert, unhengstige Hengste, mangelnde Abwehrkraft, Stressdurchfall, Stresskoliken, Hautprobleme, Headshaking **Häufig zusammen mit:** Larch, Mimulus, Cerato, Centaury
Prüfungskombination nach Barnard	Die gut bewährte Prüfungskombination nach Barnard besteht aus den Bach-Blüten **Gentian, Elm, Clematis, Larch, White Chestnut.** Gentian sorgt für Mut und Durchhaltevermögen, Elm für Gelassenheit, Clematis für Präsenz, Larch für Selbstvertrauen und Kampfgeist und White Chestnut für Konzentration und zielgerich-tetes Handeln. Vor und während Veranstaltungen, Turnieren, Auktionen, Körungen und anderen Prüfungssituationen, auch für den Besitzer.

Red Chestnut/ Rote Rosskastanie	Abnabelungs-Blüte, überängstliche Fohlenstute, besonders eng an ein anderes Tier oder an Menschen gebunden, Leitpferde, die überaufmerksam ihre Herde schützen, nach Wegzug oder Tod eines befreundeten Pferdes, beim Absetzen für Stute und Fohlen, Heimweh, häufige Verletzungen, Scheinträchtigkeit **Häufig zusammen mit:** Olive, Chicory, Heather, Chestnut Bud, Mimulus, Cerato, Star of Bethlehem, Walnut, Cherry Plum, Rock Rose
Rock Rose/Sonnenröschen	Mut-Blüte, Schreckhaftigkeit, Scheuneigung, Impulsivität, Unberechenbarkeit, Angststarre, Klaustrophobie, Sattelzwang, Panik am Anbinder, Verladepanik, Unruhe, Kollaps, nach Operation, in akuten Notfällen, z. B. eskalierender Panik, Schock, akutem Trauma, auch bei Posttraumatischer Belastungsstörung bei Hitzschlag oder Sonnenstich, Unterkühlung, Kreislaufkollaps, Stresskolik, allergischem Schock, bei Problemen in der Trächtigkeit, nach schwieriger Geburt und allen anderen Situationen, in denen es „um Leben oder Tod" ging **Häufig zusammen mit:** Mimulus, Aspen, Wild Rose, Impatiens **als Bestandteil der Notfalltropfen zusammen mit** Cherry Plum, Clematis, Impatiens, Star of Bethlehem
Rock Water/Quellwasser	Flexibilitäts-Blüte, Jungbrunnen-Blüte, hilft, locker und lässig zu werden, Gewohnheitstiere, die auf festen Abläufen beharren, Heimweh und Appetitlosigkeit in fremder Umgebung, harter Trab, Schwunglosigkeit, Sportpferde während oder nach intensivem Training oder Prüfung, mitunter eigensinnige Verlass- und Leistungspferde, Anfängerpferde, kein guter Spielpartner in der Herde, Rückenschmerzen, Verspannungen, Anspannung einzelner Strukturen (Sehne, Gelenk, Muskel), Fellwechselprobleme, schwache oder stille Rosse, Sterilität von Hengst oder Stute, Abort, Steifigkeit, Borreliose **Häufig zusammen mit:** Walnut, Star of Bethlehem, Oak, Impatiens, Water Violet, Gentian, Gorse, Olive, Vine

Scleranthus/Knäuel	Balance-Blüte, Reise-Blüte, Konzentrationsprobleme, Unausgeglichenheit, Unruhe, bei Rückschritten oder Schwankungen in der Ausbildung, Launenhaftigkeit, „Stutenhaftigkeit", Pferd mit zwei unterschiedlichen Reitern, Verladeprobleme, Probleme während der Fahrt, hibbeliges Jungpferd, Schwierigkeiten in der Balance, kann einen Huf nicht geben, Vorderlastigkeit, Beckenschiefstand, extremes Ungleichgewicht zwischen links und rechts, Ataxie, Hormonprobleme, Rossestörungen, wechselnde oder wandernde Symptome, wechselhafter Krankheitsverlauf **Häufig zusammen mit:** Aspen, Centaury, Cerato, Impatiens, Mustard, Star of Bethlehem, White Chestnut, Wild Oat, Mimulus, Chestnut Bud
Star of Bethlehem/ Milchstern	Trost- und Heilungs-Blüte, das „Arnika" der Bach-Blüten, vor, während und nach Schreck- und Schock-situationen, Unfall, rund um belastende oder stressige Situationen, z. B. vor, während und nach dem Absetzen von Fohlen, Kastration, Leistungsprüfungen, Operationen, erstgebärende Stuten, Neugeborene, schwere Geburten, bei ängstlichen Tieren, wiederkehrende Ängste, Abschied oder Tod, Abwehrschwäche, Appetitlosigkeit, In-sich-gekehrt-Sein, seelisches oder körperliches Ungleichgewicht, schwache oder sehr ausgeprägte Rosse, schlechtes Körpergefühl, Pferde stoßen sich häufig oder fühlen E- Zaun scheinbar nicht, schlechter Heilungsverlauf, hartnäckige, therapieresistente oder chronische Krankheiten wie Hufrehe, Chronische Bronchitis, Borreliose, Ataxie **In vielen Erstmischungen zu finden, häufig z. B. mit** Scleranthus, Walnut, Mimulus, Aspen, Oak, Rock Water, Larch, Hornbeam, Olive, Holly, Elm, Gorse, Water Violet **als Bestandteil der Notfalltropfen** zusammen mit Rock Rose, Cherry Plum, Clematis, Impatiens

Sweet Chestnut/ Esskastanie	Erlösungs-Blüte, Erschöpfung, Apathie, In-sich-gekehrt-Sein, Hoffnungslosigkeit, nach langer, schwerer Krankheit, schwerem Unfall, verzögerter Heilung oder bedrückender Leidensgeschichte, „die dunkle Nacht der Seele", extreme Erschöpfung nach großer Anstrengung, nach negativem Erlebnis in der Ausbildung, die das Tier völlig entmutigt hat, Tierschutztiere, bei chronischen Krankheiten wie Hufrehe oder chronischer Bronchitis **Häufig zusammen mit:** Gentian, Gorse, Mustard, Olive, Star of Bethlehem, Larch, Wild Rose, Water Violet, Clematis, Hornbeam, Elm
Vervain/Eisenkraut	Begeisterungs-Blüte, eifrig, leicht zu motivieren, immer mit Spaß bei der Sache, kann kein Ende finden, Leistungspferd, mitunter überaktiv in der Herde, voller Energie, schnelle Reaktionen, auch Überreaktionen, hält sich leicht fest, überschnell im Parcours, hyperaktiv, kann nicht entspannen oder „runterfahren", Unruhe, Konzentrationsschwäche, leicht abzulenken, Muskelanspannung, Verdauungs-probleme, hohe Kopfhaltung, Headshaking **Häufig zusammen mit:** Impatiens, Chicory, Olive, Vine, Water Violet, Agrimony
Vine/Weinrebe	Autoritäts-Blüte, Tyrann in der Herde oder große Führungspersönlichkeit, neigt zu Machtkämpfen, hengstige Hengste oder Wallache, streitet gerne, auch mit dem Menschen, starrsinnig, selbstsicher, hohe Kopfhaltung, Muskelverspannungen, kalte oder angelaufene Beine **Häufig zusammen mit:** Impatiens, Chicory, Heather, Holly, Vervain, Beech

Walnut/Walnuss	Verwirklichungs-Blüte, Jungpferde-Blüte, wird sehr häufig eingesetzt, bei allen Neuanfängen oder einschneidenden Veränderungen wie Neuzugang in der Herde, Trainingsbeginn, erstes Satteln, erster Ausritt etc., Heimweh, Appetitlosigkeit in fremder Umgebung, Zahnungsprobleme beim Jungpferd, Wachstumsschübe, Trächtigkeit, Geburt, Absetzen, Abwehrschwäche, Rekonvaleszenz, Borreliose, Krankheit im Endstadium **In vielen Erstmischungen enthalten, z. B. mit:** Star of Bethlehem, Honeysuckle, Holly, Larch, Water Violet, Rock Water, Chestnut Bud, Elm, Hornbeam, Olive, Cerato, Chicory, Heather, Aspen, Mimulus, Red Chestnut, White Chestnut, Clematis, Notfalltropfen
Water Violet/Wasserfeder	Kommunikations-Blüte, Einzelgänger, sondert sich von der Herde ab, unzugänglich, unnahbar, „vornehm" auch im Äußeren, gut allein zu reiten, selbstbewusst, leistungsbereit, angespannt, hohe Kopfhaltung, Rückenprobleme, Ekzem oder andere Hautprobleme **Häufig zusammen mit:** Honeysuckle, Walnut, Beech, Wild Oat, Vervain, Vine, Rock Water, Crab Apple, Clematis, Beech, Holly
White Chestnut/ Rosskastanie	Kopf-Blüte, Konzentrationsschwäche, Scheuneigung, Unausgeglichenheit, Unruhe, Unaufmerksamkeit, Anspannung, häufiges Rempeln, Stoßen, Schubsen, Ankauen, Schnappen, häufige kleinere Verletzungen Juckreiz, Allergien, Headshaking, Weben, Koppen **Häufig zusammen mit:** Cerato, Impatiens, Chestnut Bud, Scleranthus, Vervain, Walnut, Mimulus, Hornbeam, Wild Oat **In der Prüfungsmischung** mit Gentian, Elm, Larch, Clematis

Wild Oat/Waldtrespe	Berufungs-Blüte, begabte Pferde mit vielen Möglich-keiten, Talente wurden nicht gefördert, Konzentra-tionsschwäche, wechselnde gesundheitliche oder seelische Probleme, Unruhe, Unausgeglichenheit, starker Bewegungsdrang, wenig Ausdauer, in der Jungpferdeausbildung, wenn scheinbar zu viele Bach-Blüten-Mittel oder unterschiedliche Therapien gebraucht werden oder wenn die Behandlung nicht anschlägt, Hauterkrankungen, Juckreiz, Dauerrosse, Nymphomanie, hengstige Hengste oder Wallache **Häufig zusammen mit:** Water Violet, Scleranthus, Chestnut Bud, White Chestnut, Cerato, Impatiens, Holly, Gorse, Hornbeam, Olive
Wild Rose/Hundsrose	Lebenslust-Blüte, Erschöpfung, Teilnahmslosigkeit, unerklärliche Energielosigkeit, Appetitlosigkeit, Abmagerung, Schlappheit, keine Ausdauer, Muskel-schwäche, Apathie, alte Pferde, Tierschutzpferde, lebensschwache Fohlen, nach schwerer Geburt, bei Schock, Zusammenbruch, schwerer Krankheit, Kolik, Operation, Verschlag, Borreliose, um den Lebensgeist anzufachen **Häufig zusammen mit:** Hornbeam, Olive, Gentian, Gorse, Mustard, Sweet Chestnut, Mimulus, Rock Rose, Star of Bethlehem, Notfalltropfen
Willow/Dotterweide	Schicksals-Blüte, nach negativen Erlebnissen, schlechten Erfahrungen, pferdeunfreundlicher Hal-tung, Ausbildung oder Training, Tierschutzpferde, hart und unfair ausgebildete Jungpferde, Pferde aus „Boxenhaft", Mobbingopfer in der Herde, übellauni-ge Pferde mit unklarer Vorgeschichte, Altersschwäche, Haut- und Gelenkprobleme **Häufig zusammen mit:** Elm, Olive, Water Violet, Mimulus, Beech, Holly, Star of Bethlehem, Rock Water, Pine, Gentian, Walnut, Honeysuckle, Notfalltropfen

PRAXISTIPP Die gut bewährte Prüfungskombination nach Barnard besteht aus den Bach-Blüten Gentian, Elm, Clematis, Larch, White Chestnut. Gentian sorgt für Mut und Durchhaltevermögen, Elm für Gelassenheit, Clematis für Präsenz, Larch für Selbstvertrauen und Kampfgeist und White Chestnut für Konzentration und zielgerichtetes Handeln. Vor und während Veranstaltungen, Turnieren, Auktionen, Körungen und anderen Prüfungssituationen, auch für den Besitzer.

Heimische Blüten-Essenzen

Birne	Schutz-Blüte, vermittelt Geborgenheit, Zuversicht, Mut, vor grundlegenden Veränderungen wie Umzug, Besitzerwechsel, Absetzen, bei Stuten, die nicht tragend werden, oder bei Trächtigkeitsproblemen, für Stute und Fohlen nach stressiger Trächtigkeit oder schwerer Geburt, schüchterne, zarte oder kränkelnde Fohlen, „Ausbrecherkönige", die gern das Gras jenseits des Zauns fressen **Häufig zusammen mit:** Walnut, Star of Bethlehem, Schafgarbe, Gänseblümchen
Brennnessel	Herden-Blüte, Harmonie in der Herde, Harmonie in Pferdefamilien, bei Neuzugängen, Wegzug, Unruhe oder vielen Konflikten in der Herde, hilft rangniedrigen Pferden, sich zu behaupten, und ranghohen, großzügiger und gelassener zu werden **Häufig zusammen mit:** Walnut, Notfalltropfen
Engelwurz, Angelika	„Schutzengel-Blüte", in schwierigen, spannungsreichen, stressigen Situationen, nach negativen Erlebnissen, nach Schock, vor Operationen, Reisen, Umzug, zurückgezogene, unsichere, introvertierte, misstrauische Pferde, Pferd hält sich zurück, fährt nur „halbe Kraft", unsicherer Kandidat bei Leistungsanforderungen, verweigert, „sauer" **Häufig zusammen mit:** Star of Bethlehem, Notfalltropfen, Gentian, Larch, Birne, Rotklee, Schafgarbe

Gänseblümchen, Bellis Perennis	Jungpferde-Blüte, in der Jungpferdeausbildung, bei Trainingsbeginn, in schwieriger Herden- oder Lebenssituation, z. B. kranke Mutterstute, bei Umzug, nach negativem Erlebnis, beim Absetzen, um Schutz und Geborgenheit zu vermitteln, auch für erwachsene Pferde nach erlebnisreicher Zeit, z.B. Wanderritt, Prüfung, Umzug, bei Konzentrationsschwäche, Hyperaktivität, Unsicherheit, Mobbingopfer, Unruhe in der Box, Umwühlen der Streu, Koppen **Häufig zusammen mit:** Chestnut Bud, Cerato, Star of Bethlehem, Elm, Red Chestnut, Birne
Hahnenfuß, Buttercup	Selbstvertrauens-Blüte, runder Typ mit wenig Körperspannung, Überforderung, Unsicherheit, traut sich nichts zu, verweigert am Sprung oder läuft in den Sprung rein, wenig hengstige Hengste, schöpft nicht sein volles Potenzial aus, sehr ehrgeizige Besitzer oder Züchter mit hoher Erwartungshaltung, Mobbingopfer in der Herde, verkriecht sich hinter dem Zügel, überbeweglich im Halsbereich, Senkrücken **Häufig zusammen mit:** Cerato, Centaury, Gänseblümchen, Larch, Löwenzahn
Löwenzahn, Dandelion, Taraxacum off.	Gelassenheits-Blüte, hohe Leistungsbereitschaft, Unruhe, mangelnde Losgelassenheit, hohe Kopfhaltung, Anspannung, Überforderung, vor, in und nach Stresssituationen, bei spannungsbedingten Problemen, Rückenproblemen, nach körperlicher Anstrengung zur Vermeidung von Muskelkater, bei Muskelkater, zur Unterstützung von Akupunktur, Osteopathie, Tellington-Methode, vor oder während der Fohlengeburt **Häufig zusammen mit:** Oak, Olive, Vervain, Walnut, Hahnenfuß, Magnolie
Magnolie	Beweglichkeits-Blüte, Rückenprobleme, verspannte Rückenmuskulatur, wiederkehrende Wirbelblockaden, harte Bewegungen, Starrheit, In-sich-Zurückgezogenheit, Tiefenentspannung, auch für alte Sportpferde **Häufig zusammen mit:** Oak, Löwenzahn

Rotklee	Stärkungs-Blüte, bei Unruhe, Neigung zu Angst und Panik, Scheuneigung, beim Verladetraining, nach Stresssituationen und negativen Erlebnissen, Tierschutzpferde, nach Operationen oder anderen länger andauernden, belastenden Behandlungen **Häufig zusammen mit:** Mimulus, Star of Bethlehem, Notfalltropfen, Schafgarbe, Birne
Schafgarbe, Yarrow, Achillea Millefolium	Stärkung des Schutzschildes, stärkt die Abwehrkraft auf seelischer und körperlicher Ebene, dünnhäutige Pferde, große Sensibilität und Empfindsamkeit, Pferde, die viele Eindrücke und Einflüsse „aufnehmen", Therapiepferde, Schulpferde, Pferde, die viel auf Reisen sind, in der Trächtigkeit, bei Allergien, Abwehrschwäche, angelaufenen Beinen, Rosseproblemen **Häufig zusammen mit:** Mimulus, Aspen, Walnut, Clematis, Centaury, Crab Apple, Rotklee, Birne

Über die Autorin

Ute Ochsenbauer arbeitet als Pferdebesitzerin und Tierheilpraktikerin seit Jahrzehnten mit ganzheitlichen Heilmethoden.
Ihr Wissen und ihre Erfahrung gibt sie in diesem Buch weiter.
www.uteochsenbauer.de

Nützliche Adressen

www.bach-blütentherapie.de
www.uteochsenbauer.de

Bezugsquellen für Original Bach-Blüten
www.florem.de
www.floracura.com

Quellen

Albrodt, Dirk: Illustrierte Enzyklopädie einheimischer Blütenessenzen,
Tirta 2009
Ekl, Peter: Blütentherapie und Naturerfahrung, Tirta 1997
Scheffer, Mechthild: Die Original Bach-Blüten, Kosmos 2011
Scheffer, Mechthild und Wolf-Dieter Storl: Die Seelenpflanzen des
Edward Bach, Aurum 2012

Zum Weiterlesen

Bührer-Lucke, Gisa: **Schüßler-Salze für Pferde,** Kosmos 2013
Wie Sie sanft, aber wirkungsvoll die Gesundheit Ihres Pferdes verbessern
können und welches Salz Sie für welchen Zweck brauchen, erfahren Sie
in diesem übersichtlichen Ratgeber. Mit praktischem Extra: Schüßler-Salze für den Reiter!

Higgins, Gillian: **Anatomie verstehen – die Organe des Pferdes,**
Kosmos 2013
Die Autorin erläutert die Funktion aller 13 Organsysteme und stellt einen
unmittelbaren praktischen Bezug zur Pferdegesundheit und zum richtigen Training her.

Ochsenbauer, Ute: **Homöopathie für Pferde,** Kosmos 2012
Im akuten Krankheitsfall hilft dieser Kompaktratgeber bei der schnellen
und sicheren Diagnose, der Wahl des passenden homöopathischen Mittels und der richtigen Verabreichung.

Bildnachweis

Mit 7 Farbzeichnungen von Pearson Scott Foresman

Impressum

Umschlaggestaltung von eStudio Calamar unter Verwendung einer Farb-
zeichnung von Pearson Scott Foresman

Mit 7 Farbzeichnungen.

Alle Angaben und Methoden in diesem Buch sind sorgfältig erwogen
und geprüft. Sorgfalt bei der Umsetzung ist jedoch geboten. Verlag
und Autorin übernehmen keinerlei Haftung für Personen-, Sach- oder
Vermögensschäden, die im Zusammenhang mit der Anwendung und
Umsetzung entstehen könnten.

Unser gesamtes lieferbares Programm und viele
weitere Informationen zu unseren Büchern,
Spielen, Experimentierkästen, DVDs, Autoren und
Aktivitäten finden Sie unter **kosmos.de**

Gedruckt auf chlorfrei gebleichtem Papier

© 2013, Franckh-Kosmos Verlags GmbH & Co. KG; Stuttgart
Alle Rechte vorbehalten
ISBN 978-3-440-13134-3
Redaktion: Alexandra Haungs
Gestaltungskonzept: eStudio Calamar
Gestaltung und Satz: DOPPELPUNKT, Stuttgart
Produktion: Nina Renz
Printed in Slovakia / Imprimé en Slovaquie

KOSMOS.
Gesunde Pferde.

Kompetenz pur

Im akuten Krankheitsfall möchte der Pferdebesitzer das Gesundheitsproblem seines Tieres rasch und effektiv lösen. Mit diesem Kompaktratgeber sind eine schnelle und sichere Diagnose, die Wahl des passenden homöopathischen Mittels und die richtige Verabreichung möglich.

Ute Ochsenbauer
Homöopathie für Pferde
96 S., 5 Abb., €/D 9,99

Für eine schnelle Hilfe

Dieser übersichtliche Ratgeber hilft dem Reiter, im Krankheitsfall schnell das richtige Salz und die richtige Dosierung zu finden. Dabei werden alle „Schüßler"-Hauptsalze und die Salben in die Therapievorschläge einbezogen. Übersichtliche Tabellen erklären die Wirkung der Ergänzungssalze.

Gisa Bührer-Lucke
Schüßler-Salze für Pferde
80 S., 5 Abb., €/D 9,99

kosmos.de / pferde